ハブ *Protobothrops flavoviridis*　沖縄本島産

分類： クサリヘビ科　ハブ属
分布： 奄美大島群島、沖縄諸島における26島
全長： 約100cm〜230cm

日本最大の毒蛇であるハブは、世界的に見ても非常に危険な毒蛇である。日本で最もよく研究されている爬虫類の一つではあるが、その生態にはいまだ多くの謎があり、歴史的背景も複雑である。本書ではこのハブに関する生態、進化、説話、飼育方法などを解説する。

ハブの頭部　沖縄本島産

ハブの頭部は長三角形でよく目立つ。これは毒牙の根元（すなわち頭部両側、眼の後方）にある毒腺が大きく発達しているからである。瞳孔は縦長。視力はさほど発達していないが目と鼻の間には頬窩と呼ばれる深い窪みがあり、これは赤外線感知器官で0.003℃のわずかな温度差も感知することができる。

ハブの毒牙

ハブの毒牙は可動管牙類に分類されるもので、通常時では口内で折り畳まれており、長いものでは2.5cmほどで、およそ全長の1/100と日本の毒蛇の中では最も長い。また、ハブの毒は貴重な酵素の宝庫でもあり、現在も研究が進められている。

ハブの孵化

繁殖形態は卵生で、産卵は年1回、もしくは2年〜3年に1回で、38日〜51日で孵化する。幼蛇は全長約35cm〜40cmで色彩、斑紋が成体より鮮明。既に毒と毒牙を備えており、危険を感じると直ちに敵対行動をとり、第1回脱皮の直後から摂食を行う。

ハブ 奄美大島産

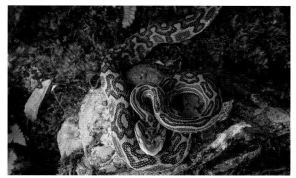

ハブの色彩や模様は産地により異なる場合がある。奄美群島の個体は沖縄諸島に比べて地色がやや赤味を帯び、斑紋も大きく、帯状に並ぶ個体が多い。ハブは分布する地域によって毒の成分が異なることも分かっており、これは地域による食性の違いに起因すると考えられている。

ハブ 伊平屋島産

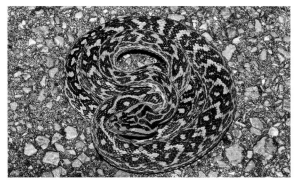

沖縄県の有人島で最も北に位置する伊平屋島産のハブ。模様など外見は沖縄本島産に近い。ハブの分布は"飛び石的"であるといわれており、この特異な分布状況は南西諸島における生物層の成り立ちを知る上で、重要な手がかりとなるだろう。

ハブ 渡嘉敷島産

沖縄県の西方に位置する渡嘉敷島産のハブ。渡嘉敷島は慶良間諸島の東端にあり、慶良間諸島を構成する主たる島の一つ。ハブは実に20を超える島々に生息している。一部の島々は無人島であり、公衆衛生上の対策を必要としないが、同時にそれらの地域における詳しい生態なども分かっていない。

ハブ　徳之島産

全身が赤味を帯びており、俗に"アカハブ"と呼ばれる個体。奄美群島に属する離島の一つである徳之島産はハブの被害が最も多い地域であり、同時にハブの色彩変異が最も多く記録されている場所でもある。今後、各島におけるハブの遺伝子解析などが進めば、新たな発見があるかもしれない。

ハブ　久米島産（通常型）

久米島産のハブには縦線型と通常型の2型が見られ、その比率は7：3ともいわれている。稀に沖縄本島や奄美大島でも斑紋の80％以上がつながった個体も発見されているが、これらは突然変異と考えられる。

ハブ　久米島産（縦線型）

久米島で見られる縦線型。正中線状にのみ複雑な斑紋が並び、側面は無地である。あまりに外見が異なることから、過去には別種、もしくは別亜種ではないかと考えられていたこともある。本タイプを『最も美しいハブ』と評する人も多い。

ハブ　白化個体　沖縄本島産

ハブの白化型（アルビノ）。非常に稀ではあるが、各地にて記録がある。現地では恐れられているハブであるが、白化個体は縁起が良いとされ、発見されると新聞などで取り上げられることも多い。また、白いハブに関する様々な説話も伝わっている。

ハブとサキシマハブの交雑個体 *Protobothrops flavoviridis* × *Protobothrops elegans*　沖縄本島産

人為的に持ち込まれたサキシマハブとの交雑個体。沖縄本島南部にて数個体が発見されている。交雑種は元となるハブ、サキシマハブの両種よりも強い毒性を持つことが確認されているが、咬傷にはハブ抗毒素が利用できることが判明している。

トカラハブ *Protobothrops tokarensis*　宝島産

分類：クサリヘビ科　ハブ属／**分布**：宝島、小宝島／**全長**：約60cm〜150cm

形態的にハブとよく似ており、かつては同種、もしくは亜種と考えられていたこともある。近年の研究により、ハブ、トカラハブの単系統群と、サキシマハブ、タイワンハブの単系統群は姉妹関係にないことが解明されている。灰色や薄茶色の地色に小さな楕円形の模様が交互に並ぶ個体が一般的であるが、全身が黒褐色の黒化型トカラハブも見られる。

トカラハブ　黒化個体　宝島産

このような黒化型は全体の約16％で見られるとされる。性質や生態に違いはないが、このような色彩の変異が見られる原因はよく分かっていない。ハブ属の一部は愛玩用として国外では人気があり、このトカラハブの黒化型も過去にわずかであるが流通例があり、その独特の色彩が一部の愛好家の間で話題になったことがある。

サキシマハブ *Protobothrops elegans*　石垣島産

分類：クサリヘビ科　ハブ属／**分布**：八重山諸島（与那国島、波照間島を除く八重山諸島）／**全長**：約60cm〜150cm

沖縄本島南部に人為的に持ち込まれた個体が定着し（国内外来種）、ハブとの交雑が確認されている。形態的には後述のタイワンハブによく似ている。ハブの亜種と考えられていたこともある。色彩や模様は個体差が激しく全身が黄褐色の個体も見られる。琉球のヘビ類として最初に科学文献で紹介された（1849年）種類である。

サキシマハブ　黄褐色個体　西表島産

色彩の淡い個体。赤味の強い体色を持つ個体は通常よりも毒が強いという俗信があるが、事実ではない。本種の種小名に *elegans*（優美、上品）と付けられた背景には、こういった個体が元になったのではないか？という説もあるが、詳しいことは分かっていない。

タイワンハブ *Protobothrops mucrosquamatus*　台湾産

分類：クサリヘビ科　ハブ属
分布：インド北東部から台湾、中国南部
全長：約80cm〜140cm
沖縄本島中部に人為的に持ち込まれた個体が
定着し（国外外来種）、ハブとの交雑が確認
されている。沖縄本島で帰化の確認された個
体の体鱗列数は27列であり、これは台湾の
個体群と同じであるとされる（大陸産では
25列とされる）。日本国内において2005年6
月1日より「特定外来生物による生態系等に
係る被害の防止に関する法律」にて特定外来
生物に指定されている。

タイワンハブ　沖縄本島産

沖縄本島中部にて撮影された約40cmの
幼体。タイワンハブの野生化は1990年
以前と考えられており、2002年に名護
市にて高密度化が確認され、最初の咬症
例は2005年に発生した。以降は年に0
件〜2件の報告がある。しかしながら、
強い攻撃性を持つタイワンハブは、20
年後にはハブの咬傷被害を上回り、50
年〜200年後には沖縄本島の全域で分布
するようになるとの説もある。

ヒメハブ *Ovophis okinavensis*　沖縄本島産

分類：クサリヘビ科　ヤマハブ属
分布：奄美群島・沖縄諸島（喜界島・沖
永良部島・与論島・伊是名島・粟国島を
除く）
全長：約30cm〜90cm
日本で唯一のヤマハブ属に分類される毒
蛇。体型は太短い。地域によっては普通
に見られるが、本種の毒性は弱く、また
動きも鈍いことから咬傷被害は少ない。
山間部の水辺を好み、冬季に産卵のため
集まったカエルを捕食する姿がよく観察
される。

ニホンマムシ *Gloydius blomhoffii* 京都府産

分類：クサリヘビ科　マムシ属
分布：北海道・本州・四国・九州・大隅諸島など
全長：約40cm〜70cm

平地から山地の森林に生息し、カエルなどの両生類や小型の哺乳類、爬虫類などを捕食する。背面に銭型模様を持つのが特徴とされているが、個体によっては模様がぼやけていることも多い。ハブと共に日本を代表する毒蛇ではあるが、近年は各地で個体数が減少している。

ニホンマムシ　千葉県産

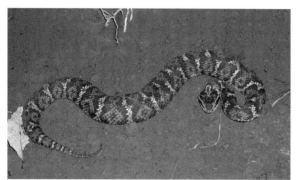

ニホンマムシの毒性はハブよりも強く、ハブよりも分布域が広いため、必然的に被害も多くなる。しかしながら、ニホンマムシは小型であり、性質もハブに比べればおとなしく、毒牙も短く、毒量も少ない。日本における毒蛇咬傷において"量的"に問題となるのはこのニホンマムシであり、"質的"にはハブであるといえる。

ツシママムシ *Gloydius tsushimaensis*　対馬産

分類：クサリヘビ科　マムシ属
分布：対馬（長崎県）
全長：約40cm〜60cm

かつてはニホンマムシと同種と考えられていたが、1994年に独立種となった。ニホンマムシに比べてやや細身であり、攻撃性はより強い。平地から山地まで様々な場所に生息し、個体数も少なくない。現地では"ヒラクチ"とも呼ばれる。

イワサキワモンベニヘビ *Sinomicrurus macclellandi iwasakii*　石垣島産

分類：コブラ科　ワモンベニヘビ属／**分布**：八重山諸島の石垣島・西表島／**全長**：約35cm〜80cm
和名及び亜種名である *iwasakii* は発見者であり気象技師であった岩崎卓爾氏にちなむ。本種は夜行性で、さらには半地中性であるため観察例が非常に少なく、生態には不明な部分が多い。咬傷被害なども報告されていない。

イワサキワモンベニヘビ　石垣島産

写真の個体は脱皮前であり、全身が白濁している。特徴的で美しい本種を観察することは、一部のナチュラリストの憧れであり、性質もおとなしいため危険視はされていないが、毒性そのものは非常に強いと考えられており、南アジアの亜種では人間の死亡例もある。

ヒャン *Sinomicrurus japonicas* 奄美大島産

分類：コブラ科　ワモンベニヘビ属
分布：奄美大島・加計呂麻島・与論島・請島
全長：約30cm～60cm

鮮やかな珊瑚色を持つ美麗種。ヒャンという和名は奄美方言で"日照り"を意味する。神経毒を主体とした毒性を持つが、性質はおとなしく、口も小さいため咬傷被害などは知られていない。主に小型の爬虫類を捕食している。ヒャンはハブ同様に吉兆を示す様々な逸話や伝説を持つヘビである。

ハイ *Sinomicrurus japonicus boettgeri* 沖縄本島産

分類：コブラ科　ワモンベニヘビ属
分布：伊平屋島・沖縄本島・渡嘉敷島・徳之島
全長：約30cm～60cm

ヒャンの亜種。ハイという和名は沖縄方言で"日照り"を意味する。ヒャンと似ているが地色がより濃く、横帯模様が細い。生態などはヒャンと似ており、小型の爬虫類を捕食する。本種を含むワモンベニヘビ属は、つかまれるなど刺激を受けると、尾の先で刺すような防御行動をとる。

クメジマハイ *Sinomicrurus japonicus takarai* 久米島産

分類：コブラ科　ワモンベニヘビ属
分布：久米島
全長：約30cm～60cm

ヒャンの亜種として1999年に記載されたが、2007年にハイのシノニムとして再分類された。横帯模様が入らないのが特徴。生態など詳しいことは分かっていない。久米島にはハブよりも恐ろしい"ハイ馬倒サー"というヘビがいる、という説話があるが、その正体は本種であろう。実際はおとなしく、現在まで人間の咬傷被害などはない。

ヤマカガシ *Rhabdophis tigrinus* 千葉県産

分類：ユウダ科　ヒバカリ（ヒバァ）属／**分布**：本州・四国・九州・佐渡島・五島列島・屋久島など／
全長：約70cm〜170cm

平安時代に作成された和名類聚抄中には深山幽谷に棲むヤマカガシという大蛇の記述がある。大型個体
は150cm以上に達し、日本ではハブに次ぐ2番目に大きな毒蛇。後牙類であり、デュベルノワ腺と頚腺
毒の2種類を有する（宮城県沖の金華山に生息する個体群は頚腺毒を持たない）。稀ではあるが、人間
の死亡例がある。本種もまた、ハブ同様に複雑な歴史的背景を持つヘビの一つである。

ガラスヒバァ *Hebius pryeri* 沖縄本島産

分類：ユウダ科　ヒバカリ（ヒバァ）属／**分布**：奄美群島・沖縄諸島／**全長**：約40cm〜90cm

和名のガラスヒバァとは"烏蛇"を意味し、本種の色彩から名付けられたのであろう。主にカエルなど
両生類を捕食し、水辺近くで見られることが多い。やや神経質で動きが早く、危険を感じると口を大き
く開けて威嚇する個体も多い。後牙類であり、デュベルノワ腺より毒液を分泌する。稀に本種の咬傷に
よる被害例がある。

毒蛇ハブ

生態から対策史・文化まで、ハブの全てを詳説

中井 穂瑞領

南方新社

目　次

装丁／鈴木巳貴

序章

本書の目的と、南西諸島に産するその他の
ハブ属3種および日本国内の毒蛇について

　本書は奄美群島・沖縄諸島に生息する毒蛇、ハブ *Protobothrops flavoviridis* に関する情報を集約したものである。ハブは世界有数の危険な毒蛇として知られており、琉球列島の住民や文化に大きな影響を及ぼした存在であり、日本国内で最もよく研究されている爬虫類の一つであろう。しかしながら、その生態はいまだ多くの謎を残している。そして近年、ハブを取り巻く状況は大きく変化しつつある。以前は単に危険な存在として忌み嫌われていたが、その貴重性、重要性が各方面より見直され始めた。本書の目的は "ハブとはどのような生物か、そしてどのような対策が取られていたか" を述べることであり、全文を通してハブを中心に構成されているが、本書に書かれた内容の一部は、研究者によっては異なる見解（分類、生態、年代など）がなされている場合があることを承知いただきたい。一部に専門的な内容も少なからず含まれているが、一般の読者の方にも読み物として楽しんでいただける構成になっていると思う。できるだけ多くの方が、本書を通じて自国に生息する恐ろしくも美しいハブという生物に思いを馳せていただければ、書き手としてこれ以上の幸せはない。なお、本書にはハブの飼育方法および毒蛇咬傷に対する応急処置法、治療方法等について書き記しているが、万一、毒蛇咬傷の際、本書の記述を参照されたとしても、起こり得る事態には一切の責任を持てないことをここに明記しておく。

　本書で主にハブとの比較に用いられた日本国内に生息する他のハブ属3種に関して、以下に簡潔に述べる。

◆トカラハブ *Protobothrops tokarensis*

　吐噶喇列島の宝島・小宝島に生息する日本固有種。現地では単に"ハブ"と称されることもある。英名では"Tokara rance‐head snake"、"Tokara Island pit viper"、"Tokara pit viper"、"Tokara habu"などと表記される。

　全長60cm〜150cm。多くの個体は100cmを超えることはない。形態的にハブとよく似ており、かつては同種もしくは亜種と考えられていたこともある。体鱗列数は31列〜33列で鱗にはキール（keel：隆条）がある。背面の斑紋は他のハブ属ほど複雑でなく、灰色や薄茶色の地色に小さな楕円形の模様が交互に並ぶ。なお、全個体数の1/6ほどに、全身が黒褐色の黒化型や白色型が存在し、"クロハブ"や"シロハブ"、"アカハブ"の俗称がある（同様の俗称がハブ、サキシマハブにもある）。出血毒を主体とした毒性を持つ。

　山地から人家周辺まで様々な環境に生息し、地上でも樹上でも見られる。夜行性だが、日中に活動することもある。両生類、爬虫類、鳥類、哺乳類などを捕食する。卵生で7月〜8月に2個〜8個の卵を産み、約50日で孵化する。

　咬傷被害はあるが、毒性が弱く致命的ではないため、抗毒素（血清）は作られていない（直接の関連性は不明であるが、酔態状態でトカラハブを扱って咬まれ、翌朝に死亡していたという例が宝島にある）。鹿児島県のレッドリスト（Red list：レッドデータブックとも。正式には『日本の絶滅の恐れのある野生動物』。国際的にはIUCN＝国際自然保護連合が作成するが、国内では環境省のほか地方公共団体やNGOによって作成される）により準絶滅危惧種に指定されている。

◆サキシマハブ *Protobothrops elegans*

　与那国島と波照間島を除く八重山諸島（石垣島・西表島・外離島・内離島・小浜島・竹富島・黒島・嘉与真島）に生息する日本固有種。沖縄本島南部に人為的に持ち込まれた個体が定着し（国内外来種）、ハブとの交雑が確認されている。魔物や妖怪を意味する"マームン"という現地名がある。英名では"Sakishima rance‐head snake"、"Elegant tree viper"、"Elegant pit viper"、"Sakishima pit viper"、"Sakishima habu"などと表記される。

　全長60cm〜150cm。多くの個体は130cmを超えることはない。形態的には後述のタイワンハブによく似ている。ハブの亜種と考えられていたこともある。体鱗列数は23列〜25列で鱗にはキールがある。褐色から灰褐色の地色に暗褐色の鎖状の模様を背面に持つが個体差が激しく、全く模様を持たないものや、全身が黄褐色の個体は"チールマームン"と呼ばれ、赤褐色の個体は"アカハブ（同様の俗称がハブ、トカラハブにもある）"や"アカマームン"の俗称があり、赤褐色の個体は通常の個体よりも気性が荒いといわれているが、科学的根拠はない。幼蛇は成体に比べて尾の先端が黄白色を呈するが、模様などに大きな差はない。出血毒を主体とした毒性を持つ。

　山地から平地まで様々な環境に生息するが、特に水辺周辺に多く、洞穴内に棲み着いている個体も見られる。主に地上性であるが、木にも登ることがある。夜行性だが日中に活動することもある。両生類、爬虫類、鳥類、哺乳類などを捕食する。活発な捕食者で、水辺周辺でカエルを待ち伏せている姿や、夜間に樹上で休んでいるトカゲに忍び寄って捕食する姿なども観察されている。卵生で６月〜７月頃に３個〜13個の卵を産み、約40日で孵化する。

　毒性はさほど強くはないが、稀に重症・死亡例がある。なお、琉球のヘビ類として最初（1849年）に科学文献で紹介された種類である。

◆タイワンハブ *Protobothrops mucrosquamatus*

　バングラデシュ、インド、ミャンマー、ベトナム、ラオス、台湾、中国南部に生息する。日本では沖縄本島中部に人為的に持ち込まれた個体が定着し（外来種）、ハブとの交雑が確認されている。漢名は"龜殼花"、"原矛頭蝮"、"烙鐵頭蛇"など。英名では"Taiwan lance‐head snake"、"Brown spotted pit viper"、"Pointed‐scaled pit viper"、"Formosan pit viper"、"Chineses habu"、"Taiwan habu"などと表記される。

　全長80cm〜140cm。形態的には前述のサキシマハブによく似ており、背面の模様も類似するが体側面の斑紋はより大きい傾向がある。鱗にはキールがあり、沖縄本島で帰化の確認された個体の体鱗列数は27列である（タイワンハブの体鱗列数は台湾産では27列。大陸産では25列とされる）。出血毒を主体とした毒性を持つ。

山地から平地まで様々な環境に生息し、木登りも巧みである。夜行性だが日中に活動することもある。両生類、爬虫類、鳥類、哺乳類などを捕食する。卵生で原産地では7月〜8月（沖縄本島では6月）に4個〜12個の卵を産み、約40日で孵化する。

　攻撃的で毒性も強いが注入される毒量がさほど多くないため、死亡例は稀である。なお、本種は日本国内において2005年6月1日より『特定外来生物による生態系等に係る被害の防止に関する法律』にて特定外来生物に指定されているため、輸入・飼育・保管・販売・譲渡・運搬・放逐が原則として禁止されている。

　以上が日本国内に生息するハブ以外のハブ属3種の特徴である。続いて、日本国内にて記録のある毒蛇に関する概要を、以下に簡潔に記す（科目別）。

■クサリヘビ科 Viperidae

◇マムシ属 *Gloydius*
・ニホンマムシ *Gloydius blomhoffii*
　全長40cm〜70cm。北海道・本州・四国・国後島・天売島・佐渡島・隠岐・壱岐・五島列島・甑島列島・屋久島・種子島・伊豆大島に分布。主に夜行性で両生類、爬虫類、小型哺乳類を捕食する。出血毒を主体とした毒性を持つ。本種の咬傷による死亡例がある。
・ツシマママシ *Gloydius tsushimaensis*
　全長40cm〜60cm。対馬（長崎県）に分布。主に夜行性で魚類、両生類、爬虫類、小型哺乳類を捕食する。出血毒を主体とした毒性を持つ。本種の咬傷による死亡例がある。
・ヤエヤママムシ
　1900年に八重山諸島（石垣島？）にて一例のみマムシ属の採集記録があり、ヤエヤママムシとして *Agkistrodon blomhoffi? affinis* もしくは *Agkistrodon halys blomhoffi*（パラスマムシ *Gloydius halys* の旧学名）の学名が与えられたが、そ

の後、一切の記録がないことから、何らかの誤りであると思われる。

◇ヤマハブ属 *Ovophis*

・ヒメハブ *Ovophis okinavensis*

　全長30cm〜90cm。奄美群島・沖縄諸島（しかしながら、喜界島・沖永良部島・与論島・伊是名島・粟国島には生息しない）に分布。夜行性だが、日中に活動することもある。魚類、両生類、爬虫類、小型哺乳類を捕食する。出血毒を主体とした毒性を持つ。本種の咬傷による被害例がある（直接的な関連性は不明であるが、沖縄本島にて80歳の女性が咬まれ、翌日死亡したという例はある）。

■コブラ科 Elapidae およびウミヘビ亜科 Hydrophiinae

◇ワモンベニヘビ属 *Sinomicrurus*

・ヒャン *Sinomicrurus japonicus*

　全長30cm〜60cm。基亜種ヒャンは奄美大島・加計呂麻島・与論島・請島に分布。1亜種が確認されており、ハイ *Sinomicrurus japonicus boettgeri* は伊平屋島・沖縄本島・渡嘉敷島・徳之島に分布。クメジマハイ *Sinomicrurus japonicus takarai* は久米島に分布するとされていたが、2007年にハイのシノニム（Synonym：同物異名）として再分類された。夜行性だが日中に活動することもある。地上性（地中性傾向が強い）で、小型の爬虫類を捕食する。神経毒を主体とした毒性を持つ。本種の咬傷による被害例は知られていない。

・イワサキワモンベニヘビ *Sinomicrurus macclellandi iwasakii*

　全長35cm〜80cm。石垣島・西表島に分布。夜行性だが日中に活動することもある。地上性（地中性傾向が強い）で、爬虫類を捕食する。発見数は少なく、希少と考えられている。神経毒を主体とした毒性を持つ。潜在的な危険性はあるが（海外では別亜種の咬傷による死亡例がある）、本種の咬傷による被害例は知られていない。

◇フードコブラ属 *Naja*

・タイコブラ *Naja kaouthia*

　全長120cm〜190cm。中国南部からインド東部が原産。1993年〜1994年にかけて名護市および今帰仁村にて逸脱、もしくは遺棄された個体が7匹発見されたが、その後の発見例はなく、定着はしていない。主に昼行性だが、夏期は夜間も活動する。地上性で両生類、爬虫類、鳥類、哺乳類を捕食する。神経毒を主体とした毒性を持つ。日本国内において、本種の咬傷による野外での被害例はない（飼育下における咬傷例は、少なくとも1例ある）。

◇ウミヘビ属 *Hydrophis*

・クロガシラウミヘビ *Hydrophis melanocephalus*

　全長80cm〜140cm。奄美群島・沖縄諸島・宮古諸島・八重山諸島湾岸に分布。稀に迷蛇として本州近海でも記録がある。昼行性で魚類を捕食する。神経毒を主体とした毒性を持つ。本種の咬傷による死亡例がある。

・クロボシウミヘビ *Hydrophis ornatus maresinensis*

　全長80cm〜100cm。奄美群島・沖縄諸島・宮古諸島・八重山諸島湾岸に分布。昼行性で魚類を捕食する。神経毒を主体とした毒性を持つ。国内での確実な被害例は知られていないが、国外では本種の咬傷による死亡例がある。

・マダラウミヘビ *Hydrophis cyanocinctus*

　全長100cm〜180cm。奄美群島・沖縄諸島・宮古諸島・八重山諸島湾岸に分布。昼行性で魚類を捕食する。神経毒を主体とした毒性を持つ。国内での確実な被害例は知られていないが、国外では本種の咬傷による死亡例がある。

◇カメガシラウミヘビ属 *Emydocephalus*

・イイジマウミヘビ *Emydocephalus ijimae*

　全長50cm〜100cm。奄美群島・沖縄諸島・宮古諸島・八重山諸島湾岸に分布。昼行性で魚卵を珊瑚や海藻から剥がして捕食する。その特殊な食性からか、毒腺や毒牙は退化しており、分泌物も毒性をほぼ失っていると考えられる。本種の咬傷による被害例は知られていない。

◇エラブウミヘビ属 *Laticauda*

・エラブウミヘビ *Laticauda semifasciata*

　全長70cm〜160cm。屋久島以南の湾岸に分布。迷蛇として和歌山県や千葉県の湾岸で発見されたこともある。夜行性で魚類を捕食する。神経毒を主体とした毒性を持つ。本種の咬傷が原因と思われる死亡例がある。

・ヒロオウミヘビ *Laticauda laticaudata*

　全長60cm〜130cm。屋久島以南の湾岸に分布。迷蛇として神奈川県の湾岸で発見されたこともある。夜行性で魚類を捕食する。神経毒を主体とした毒性を持つ。本種の咬傷が原因と思われる死亡例がある。

・アオマダラウミヘビ *Laticauda colubrina*

　全長80cm〜150cm。吐噶喇列島・奄美群島・沖縄諸島・宮古諸島・八重山諸島湾岸に分布。夜行性で魚類を捕食する。神経毒を主体とした毒性を持つ。本種の咬傷が原因と思われる死亡例がある。

◇セグロウミヘビ属 *Pelamis*

・セグロウミヘビ *Pelamis platurus*

　全長50cm〜90cm。日本近海（南西諸島〜北海道南部）に分布。外洋性のため人間と遭遇することは少ない。稀に南西諸島や日本海側の湾岸にストランディング（Stranding：陸地に打ち揚げられること）する。昼行性で魚類を捕食する。神経毒を主体とした毒性を持つ。本種の咬傷が原因と思われる死亡例がある。

◇トゲウミヘビ属 *Lapemis*

・トゲウミヘビ *Lapemis curtus*

　全長60cm〜120cm。東南アジアからオーストラリア沿岸、ペルシャ湾に分布。ごく稀に日本近海へ漂着することはあるが、生息はしていない。昼行性で、魚類やイカ類を捕食する。神経毒を主体とした毒性を持つ。西イリアン沖にて本種の咬傷による邦人の死亡例がある。

■ユウダ科 Natricidae

◇ヒバカリ（ヒバァ）属 *Hebius*
・ガラスヒバァ *Hebius pryeri*

　全長40cm〜90cm。奄美群島・沖縄諸島に広く分布。夜行性傾向が強いが、日中も活動する。主に地上性で魚類、両生類、爬虫類を捕食する。後牙類（上顎の後方に毒牙を持つ毒蛇）であり、デュベルノワ腺（Duvernoy：口腔奥牙の根元にある分泌腺）から毒を分泌する。出血毒を主体とした毒性を持つ。本種の咬傷による被害例がある。

◇ヤマカガシ属 *Rhabdophis*
・ヤマカガシ *Rhabdophis tigrinus*

　全長70cm〜170cm。本州・四国・九州・佐渡島・隠岐・壱岐・五島列島・甑島列島・屋久島・種子島に分布。朝夕に活動することが多い。主に地上性で魚類、両生類、爬虫類、小型哺乳類を捕食する。後牙類であり、デュベルノワ腺と頸腺毒（頸部を圧迫すると皮下より毒液が噴出する）の2種類を有する（頸腺毒は餌であるヒキガエル由来であり、ニホンヒキガエル *Bufo japonicus* の生息していない宮城県沖の金華山に生息する個体群は頸腺毒を持たないが、ヒキガエルを捕食させると頸腺毒を分泌するようになる。また、妊娠中の雌がヒキガエルを捕食した場合は、生まれてくる幼蛇も頸腺毒を有している場合がある）。出血毒を主体とした毒性を持つ（本種の毒性はやや特殊な作用を示すため、溶血毒と呼ばれる場合もある）。本種の咬傷による死亡例がある。

■ナミヘビ科 Colubridae

◇オオガシラ属 *Boiga*
・ミナミオオガシラ（ナンヨウオオガシラ）*Boiga irregularis*

　全長100cm〜200cm（帰化したグアム島では300cmの記録がある）。オースト

ラリア東部および北部湾岸域・パプアニューギニア・メラネシア北西の島々が原産。嘉手納町の米軍の基地内にて1例のみ記録されているが、定着はしていない。物資に紛れて非意図的に持ち込まれたものと思われる。夜行性だが日中に活動することもある。主に樹上性で両生類、爬虫類、鳥類、哺乳類など様々な脊椎動物を捕食する（飼育下では死肉やドッグフードを食べたという記録すらある）。後牙類であり神経毒および細胞毒性が確認されているが、さほど強いものではない。日本国内における本種の被害例はない。なお、本種はICUN（国際自然保護連盟）において"世界の侵略的外来種ワースト100"の一種に選定されており、日本国内でも2005年6月1日より特定外来生物に指定されている。

　以上が日本国内で記録されているハブ属以外の毒蛇である。上記以外にも個人の愛玩用として輸入された毒蛇が逃げ出し（もしくは遺棄され）、野外で発見された例もあるが、それらは含めていない。また、ヒバカリ属のヒバカリ *Hebius vibakari* やミヤコヒバァ *Hebius concelarus*、ヤエヤマヒバァ *Hebius ishigakiensis* は近縁種が有毒であり（一部の種類では後牙を有することが分かっている）、マダラヘビ属 *Dinodon* のアカマタ *Dinodon semicarinatum* も何らかの毒性を持つという説もあるが（咬まれると出血が止まりにくいといわれる）、現時点では科学的根拠が乏しいため、本項からは省いた。しかしながら、今後の研究が進めばナミヘビ上科 Caenophidia の大部分に毒性が確認される可能性もあり、今後は毒蛇の定義や概念が変更される可能性もある。

　なお、本書では簡略化のため、一度使用した学名は特別な理由がない限り省略させていただいた。

第Ⅰ章
ハブとはどのような生物か

　第Ⅰ章ではハブの分類から生態までを生物学および博物学的な側面から紹介する。しかしながら、ハブの分類や生態にはいまだ解明されていない部分も多く、研究者によっては意見が異なる場合がある。

Ⅰ−1．分類

　ハブは、爬虫類網Reptilia、有鱗目Squamata、ヘビ亜目Serpentes、クサリヘビ科Viperidae、マムシ亜科Crotalinae、ハブ属*Protobothrops*に分類されるヘビであり、日本固有種。現在亜種は確認されていない。本種を南西諸島に生息する他のハブ属と区別するため"ホンハブ（本ハブ）"や"マハブ（真ハブ）"、"リュウキュウハブ（琉球ハブ）"と呼ばれることもある。英名は"Habu（もしくはHave）"、"Hon habu"、"Okinawa habu"、"Golden Habu"、"Yellow spotted lance‐head snake"、"Yellow spotted pit viper"、"Okinawa pit viper"、"Ryukyu islands pit viper"など。Habuは和名から。Lance‐head snakeは頭部が西洋の騎士が使用した槍（Lance）に似ていることから。Pit viperは目と鼻の間にある頬窩（Pit organ）を持つからであり、後者二つはハブ属以外の毒蛇にも広く用いられている名称である。

　ハブはハブ属のタイプ種（属の代表種）であり、現在は国外においても他のハブ属の種小英名を"〜habu"と表記することがあり（例：タイワンハブはかつてTaiwan lance‐head snakeの英名で知られていたが、近年はTaiwan habuと表記する文献などが増えている）、"ハブ"という名称は世界的に共通のものとなりつつある。

　標準和名であるハブと名付けられる以前はウフー、ナガー、ナガムン、ハ

17

ミ、ハビ、ハム、ハンビ、パウ、ハプ、パブ、パプ、ハンプ、パンプ、マパ
プ、マムジン、マシモン、マララ、フイイブ、ハンシセイ、ハンビダ、アヤ
ナギ、コシキマダラ、アヤクマダラ、アヤキマダラキ、アヤクマダラクなど
地方によって様々な名称もあったが、1893年に動物学者である岡田信利
(1857-1932) によって "ハブ" と統一された。漢字表記では波布（はぶ）や
飯匙倩（ハブの頭と細い頸部の形状が飯を盛る匙に似ているから）、飯匙蛇、
反鼻蛇（ハブの吻端が反っているように見えることから）、反鼻などがある
が、"波布" が最も一般的である。しかしながら、波布という漢字は音からの
当て字で、特に意味はないとされる。

　南西諸島では古くから知られていたが、学術的に紹介されたのは1861年の
ことであり、アメリカ合衆国の医師であり爬虫類学者でもあったEdward
Hallowell（1808-1860）による。Hallowellが記載したハブは、Jon Rogersが指
揮した合衆国北太平洋調査探険隊の一隻、John Hancok号の乗員であった
Macombによって1855年4月にAmakarima Isles（詳細は不明だが、慶良間列
島の1島と思われる）にて捕殺されたものであることがWilliam Stimpson
（1832-1872。同探検隊の他の船、Vincennes号に乗船しており、多数の動物を
採集・記載した動物学者）の手記に記されている。

　当初、ハブには*Bothrops flavoviridis*という学名が付けられた。*Bothrops*とは
南米大陸に生息するヤジリハブ（アメリカハブ）属のことであり、外見が類
似していることから同属と考えられたのであろう。種小名の*flavoviridis*とは
"黄緑色" を意味し、ハブの体色を示していると思われる。後の1880年にはド
イツの動物学者Franz Hilgendorf（1839-1904）が奄美大島で採集されたハブ
の標本を調査した結果、アジアハブ属*Trimeresurus*に近縁であるとして
*Trimeresurus riukiuanus*という学名が付けられる。1890年にはそれが*Bothrops
flavoviridis*のシノニムであることを指摘されたが、その分類は受け入れられ
た。また、同年には沖縄本島より "キンハブ（Gold－habu）" および "ギン
ハブ（Silver－habu）" が報告され、別種の可能性が示唆されているほか、1905
年にも奄美大島産のハブにはGolden、Silver、Iron（鉄色）の3色が存在する
ことが記載された（現在では、これらはハブの色彩型の一つであることが分
かっている）。古くは南西諸島においても一般的な個体は "アオハブ" と呼ば

れ、"キンハブ"や"ギンハブ"とは区別されていた例もある。

　1931年にはトカラハブをハブの亜種とする論文が発表され、ハブの学名は *Trimeresurus fravoviridis fravoviridis* となり、多くの研究者がこの見解に従い、さらに1944年にはトカラハブはハブのシノニムとされた。また、1955年にも久米島産の縦縞型のハブが新亜種 *Trimeresurus fravoviridis tinkhami* として記載されたことがある。ハブは地域や個体群により体色や模様が大きく異なるだけでなく、分布状況も特異であるため（ハブの分布における特異性については別項にて述べる）、正確な分類が容易ではなかった。

　アジアハブ属の *Trimeresurus* とは"三度攻撃してくる"という意味であり、これはアジアハブ属の高い攻撃性を示したものであろう。その後、1983年には鱗表面の微細構造の違いを根拠にハブとタイワンハブ、ナノハナハブ *Trimeresurus jerdonii* の3種をアジアハブ属から除外し、新しくハブ属 *Protobothrops*（Protoは"原始的な"を意味する）に記載した。この説は当初はあまり受け入れられなかったが、近年の分子系統学的研究によりハブ属がアジアハブ属とはかけ離れた存在であることが分かってきた。現在ではハブ属には先述した3種以外にサキシマハブ、トカラハブ、ユンナンハブ *Protobothrops xiangchengensis*、カールバックハブ *Protobothrops kaulbacki*、マンシャンハブ *Protobothrops manghsanensis* などが加えられているが、研究者によって意見が分かれており、今後も調査が進めばハブ属に含まれる種類は減少、または増加する可能性が高い（日本国内のハブすらも地域によって亜種や別種となる可能性がある）。

　余談であるが、奄美群島・沖縄諸島に分布しているヒメハブは"ハブ"の名称が付けられているが、ハブ属ではなく国内で唯一、ヤマハブ属 *Ovophis* に分類されている。しかしながら、近年の分子系統学的研究によりアジアハブ属のアオハブ類に近縁である可能性が示唆された（種としてもっとも近縁なのは台湾の固有種であるキクチハブ *Trimeresurus gracilis* とされる。ヤマハブ属は東南アジアに数種類が分布している）。いまだ結論は出ていないが、ヒメハブの分類は今後変更される可能性がある。

Ⅰ－2．分布

　九州南端から台湾東北にかけて位置する南西諸島は100余りの島々で形成されているが、それらの中でハブが生息しているのは以下の26島とされている。鹿児島県内では奄美大島・加計呂麻島・請島・与路島・徳之島・枝手久島の6島。沖縄県内では沖縄本島・伊平屋島・古宇利島・屋我地島・伊江島・水納島・瀬底島・渡名喜島・久米島・奥端島・渡嘉敷島・儀志布島・新城島・黒島・伊計島・宮城島・平安座島・浜比嘉島・浮原島・藪地島の20島に分布しているが、いくつかの島々は無人島であり、公衆衛生上の対策を必要としない（枝手久島・儀志布島・新城島・黒島・浮原島・藪地島の5島）。

　本部半島の南方約7kmに位置する水納島には本来ハブは生息していなかったが、1900年初頭に瀬底島よりサトウキビと共にハブが移入されたという説がある（洪水の際に、流された倒木にハブが乗って移動した、という説もある）。久米島の東800m沖合に浮かぶ奥武島では、100年ほど前まではハブが数多く生息していたが、同島の開拓に伴う人為的駆除によって絶滅したとされている。なお、奥武島の東400mに位置するオーハ島（東奥武島）や、その北側にあるイチュンザ岩にもハブが生息しているという説があるが、詳細は不明。その他、鹿児島港や野甫島、粟国島などでもハブが見つかった記録があるが、これらは物資等に紛れて非意図的に持ち込まれたものである。また、宮古島のドイツ商船遭難之地碑周辺はハブの巣窟であるという記録もあるが、宮古島にハブは産しない。宮古島ではあらゆるヘビ類の俗名として"パブ"と称することがあり、そのあたりから生まれた誤解であろう。

Ⅰ－3．形態

　体鱗は30列～40列（通常33列～37列）。腹板は217枚～237枚。肛板1枚。尾下板74枚～93枚。最外側以外の鱗にはキールがあるが、さほど強くはない。なお、近年の研究により、ヘビ類の鱗は厚さ数nm（ナノメートル）の剥がれない脂質で覆われていることが判明している。

　全長120cm〜220cm。体重約1.3kg。現在の最大記録は2011年４月に沖縄本島北部恩納村で捕殺された全長242cm、体重約2.8kg。鹿児島県奄美大島でも1992年に全長241cmの記録がある（2010年に鹿児島県徳之島大原より260cm、体重３kgという記録があるが、詳細不明）。尾は体長の1/5前後。雄は雌よりも10%〜20%ほど大きくなる傾向がある。ハブ属では最長種であり（最重量種はマンシャンハブ、全長約200cm、体重約３kg〜５kg。最小種はマオランハブ *Protobothrops maolanensis*、全長約60cmと思われる）、アジアに産する毒蛇全般からみても大型の部類に入る。これはハブの大きな特徴の一つである。大型化した要因の一つとして、本種の生息地に大型化するナメラ属 *Elaphe*（アオダイショウ *Elaphe climacophora* やシュウダ *Elaphe carinata* など）がいなかったため、その生態的地位を独占できたからとする説がある。

　体形は細長いが頭部は長三角形でよく目立つ。これは毒牙の根元（すなわち頭部両側、眼の後方）にある毒腺が大きく発達しているからである。瞳孔は縦長。視力はさほど発達していないが目と鼻の間には深い窪み、頬窩（ピット器官とも）がある。頬窩は赤外線感知器官であり、0.003℃のわずかな温度差も感知することができる。これにより、暗闇においても温血動物を捕らえることが可能となる。さらに口内の上部には発達した鋤鼻器（ヤコブソン器官とも）と毒牙がある。ハブの先端が二分された舌を口腔内に入れた時、その前端は鼻腔の鋤鼻器に収められる。これは化学受容器であり、空気中に漂う微分子を吸着させて臭いを感じており、舌の出し入れが激しい時は臭いを強く感じていることになる。事実、飼育下における給餌の際などは舌の出し入れ回数が増加する。また、鋤鼻器は生体のみならず血液などにも反応し、ハブはニワトリ *Gallus gallus domesticus*、クマネズミ *Rattus rattus* の血液にも反応（血液を皿に入れると集まってくる。同様の行動はナミヘビ科のシマヘビ *Elaphe quadrivirgata* やサキシママダラ *Dinodon rufozonatum walli* にも見られる）することが分かっているが、ブタ *Sus scrofa domesticus* の血液には反応しないという報告もある。余談であるが、この鋤鼻器が初めて現れたのは両生類であると考えられており、現生爬虫類ではカメ目 Testudines、ワニ目 Crocodilia ではほぼ消失し、ムカシトカゲ目 Sphenodontia では内鼻孔に開口する盲嚢でしかない。

ハブの虹彩の色彩は個体によって様々であり、黄色、白、赤などがあるが、視覚に関しては不明な部分が多い。眼球を光学顕微鏡で観察すると、網膜は弱い光に働く細胞が主であり、その間に強い光に働く細胞が散在している夜行性型で、明暗の見分けは十分できると思われる。聴力や触覚に関しても不明な部分が多いが、他のヘビ類と同様に耳殻と耳穴がないため、空気中から伝わる音に対しては反応できない。しかしながら、鱗や筋肉などを通じて伝わる振動に関しては非常に敏感である。土木工事現場ではハブとの遭遇率が高いとされているが、これは地面の振動によりハブが異常を察知し、棲み家から這い出て逃げ惑うからであろう。

　ハブの毒牙は可動管牙類（管牙とは毒蛇を示す有牙類の一つで、他に溝牙があるが、可動管牙がもっとも進化したタイプの毒牙と考えられている）に分類されるもので、内部は液体毒が注入できるようトンネル状になっており、先端にスリット状の穴が空いている。なお、毒牙は繊細な構造であり定期的に生え替わるため（古い牙が抜け落ちてから生え替わるまでは、約4時間かかるという説もある）、スペアの役割を果たす副牙を備えている場合が多い。毒牙は通常時では口内で折り畳まれており、長いものでは2.5cmほどで、およそ全長の1/100である（奄美大島で捕獲された241cmの個体では毒牙が4cmあったという記録もあるが、詳細不明）。咬みつくと同時に上下顎骨部の筋肉の圧迫により、毒牙の基部に細管で連結した毒腺から毒液が分泌される仕組みとなっている。

　毒腺は蛇毒を蓄えておく毒嚢につながっている。毒嚢内では100mg～360mgの毒液を保持することが可能であり、1回の咬傷につき、平均22.5mg、最大で103mgもの毒液を注入することができる（毒性については別項にて述べる）。毒嚢は袋状の構造をした器官で、そこに貯蔵された毒液は血液中に混ざり合うことはないので、自身に害はない。

　ハブが息を吹きかけて鶏など小動物を殺すという説がある。一説ではハブが興奮して口を大きく開けて威嚇した際、毒牙から毒液を呼吸と共に吹きかけることがあり、吹きかけられた場所に傷などがあれば、そこから毒が侵入するというものであるが、科学的根拠はない。同様の説は中国産のハブ属（タイワンハブ、マンシャンハブなど）にも古くからある。

　腹面は白色（個体によっては褐色の細かい斑紋を持つ）で、背面には黄褐色の地に緑褐色～茶褐色の複雑な斑紋が入るが、体色や斑紋には個体差や地域変異が非常に多く、一律には表現しにくい（一部の個体群は、以前は別種と考えられていた程である）。現在は全ての変異が同一種内の変異であると考えられているが、今後の分子生物学的研究の結果によっては扱いが変更される可能性もある。例として奄美大島産、通称"オオシマハブ"は沖縄産に比べて斑紋が大柄で横帯状に入るものが多い。斑紋が背面の正中線にのみ存在する縦縞型、通称"クメジマハブ"は久米島に産する（久米島における縦型と通常型との比率は７：３ともいわれている。稀に沖縄本島や奄美大島でも斑紋の80％以上がつながった個体も発見されているが、こちらは突然変異と考えられている）。朱色～赤褐色の地色に黒褐色の斑紋が入る通称"アカハブ"（赤色色素増加個体）と、全身が一様に黒い通称"クロハブ"（黒化個体。徳之島産のクロハブは腹面も黒く、色彩のみならず、模様も変異を起こしている可能性がある）は主に徳之島（特に伊仙町からの記録が多い）に産する。徳之島はハブの色彩変異が最も多く記録されている場所であり、古くは"トクノシマハブ"と呼ばれていた。これらの地域型は今後、亜種または別種とされる可能性はある。

　斑紋が不明瞭で全身に黄色味がかる通称"キンハブ（チンハブ）"と全身に白色味がかり、虹彩も白い通称"ギンハブ"は各島で発見されており、瞳孔が赤く、白地に黄色い模様を持つハブの白化個体（黒色色素欠乏個体）、通称"オウゴンハブ"も沖縄本島、徳之島、奄美大島などで発見例がある。また、瞳孔は黒いが全身が白色の個体（白変個体。色素欠損ではない）や、瞳孔が暗い葡萄色で全身の斑紋が薄く明るい色彩を持つ個体（黒色色素減退個体）、全身が撫子色のチロシナーゼ酵素を有した白化個体も発見例がある。なお、極めて稀ではあるが、双頭（結合双生児）や、先天的に眼窩に異常（無眼球症、もしくは小眼球症）のある奇形個体なども記録がある。

　日本に分布しているハブ属の染色体数は2n＝36（大染色体18、小染色体20）で、どの種もよく似た核型を持つ。しかしながら、近年の分子系統学的解析によれば、ハブ、トカラハブは現在バングラデシュから中国南西部に生息するナノハナハブに最も近縁なことが分かった。これは、ハブ、トカラハブの

単系統群が遺存的な状態にあることを示している（ハブの進化や渡来については、別項にて述べる）。

　ハブの性別は亜成体以上であれば外見から区別することが可能であり、雌は尾の幅が狭く短いが、雄は太く長い。また、雄の尾先端側から尾の両端を総排泄腔に向かって押し上げると左右一対の半陰茎（ヘミペニスとも）が反転されて出てくる。尾の基部には一対の臭腺があり、捕まれるなどして危険を感じると独特の臭いを出す。これには周辺の同種に対して危険を伝える効果があるともいわれているが、詳しいことは分かっていない。なお、沖縄ではハブを焼き殺すと足が出るとか、叩き殺そうとすると足を出して逃げた、という俗説があるが、これらも半陰茎であろう。余談であるが、1952年には西表島で足が4つ（それぞれの足には爪も付いていたという）もあるサキシマハブが捕獲され、新聞をにぎわした。現物を保管していた八重山開発事務所には連日、見物人が押し寄せてきたという。後に琉球大学が調べたところ、半陰茎であることが判明した。同様の事例はアオダイショウなどでも見られ、「先祖返り」と称して新聞に掲載されたことがある。

Ⅰ－4．生態

　ハブの周年的な行動や繁殖に関する情報は少なく、その生活史はいまだ多くの謎に包まれているのが現状である。

　ハブは山地、平地共に生息するが、深山には少ない。ネズミ類が多く出没するサトウキビ畑やサツマイモ畑、水田に多く、耕作地周辺のソテツ畑、防風林、畑小屋、山林の特に谷に面した斜面にも多い。時には海岸の砂浜や磯で見つかることもあり、洞穴に棲み着いている場合もある。なお、旧防空壕や粗雑な石垣、山小屋などが山麓、村落、畑などに近接している場合はハブの巣窟となりやすい。人家周辺にも生息するため、餌を求めて屋内に侵入することもある。野生動物はその生息域に偏りがあるものが多いが、ハブは原生林の奥地から海岸までと広い生息範囲を持つ。これもハブの大きな特徴の一つである。

　ハブは主に夜行性であり隠遁性が高く、直射日光を避ける。午前1時～午

前３時前後が活動の頂点と考えられており、ハブの日周期活動の要因はハブ自体の内因的概日周期によるものと思われる。日中は棲み家となる旧墳墓地、石垣、樹洞など温度・湿度の変化の少ない場所に潜んでいることが多いが、山中や雨天では日中も活動する。自ら穴を掘ることはしない。

　ハブの移動はいわゆる蛇行である。頭部を目標に向け、体をうねらせて移動する。水を泳ぐ場合も同じである。垂直な壁に沿って直立するときは、体を壁にもたせかけ、地面を支点に体を押し進め、体長の2/3ほどを垂直に伸ばすことができる。ヘビ類の体内には約１万5000もの筋肉が張り巡らされており、それらを複雑に稼働させることで様々な動きを可能にしているのであろう。

　活動範囲は比較的狭く、野生下における毎分の移動距離は１m～３mほどで、日常的な行動範囲はよく分かっていないが、安定した環境下では棲み家を中心に約30㎡と考えられており、夜間に餌を捕食した個体がある程度移動した後、元の場所に戻った例が確認されている。サキシマハブでは活動期の夜間に、連日、同じ場所で獲物を待ち伏せている個体が確認されているが、ハブにおける確実な観察例はない。ハブは他のハブ属に比べて高い活動性を持つ可能性がある。また、冬季は帰巣時間が早くなる傾向も見られる。しかしながら、自身の体のサイズと引き合わない大きさの獲物を捕食してしまったハブは、棲み家に帰れず、周辺に潜んでいる場合がある。なお、捕獲直後に発信機を取り付けて放したところ、24時間で200mを移動した記録もあるが、これは捕獲されたストレスによる作用が大きいと考えられる。

　ヘビ類の集団行動（冬眠や交尾など）は、ガーターヘビ *Thamnophis sirtalis* など一部の種類で知られているが、ハブでは確実な観察記録はない。稀にハブの集団移動の目撃例があるが、これは何らかの原因によってハブが一カ所に運ばれたものと思われる。一例として、1950年頃の今帰仁村今泊では大雨が降って川が溢れると、村の東側にハブが集まったという。これは北山城趾一帯に生息していたハブが大水によって押し流され、流れの緩やかな河口に漂着し、村内に侵入したものであろう。

　ハブの最も活動の盛んな時期は沖縄本島では４月～５月、奄美大島では６月（約一カ月の差がある）および秋季の９月～11月である。ハブの活動は主

として地表温度、気温、日光によって左右され、活動時期における降雨は活動を助長する。酷暑期である７月〜８月は比較的涼しい小川、海岸、山頂付近に多くなり、11月〜12月は山麓よりも高所の風当たりが弱い場所に移動する傾向がある。

　ハブは外気温が９℃以下ではほぼ活動せず、12℃以上で速度は遅いが攻撃できるようになり、15℃以上でやや活発に動けるようになり、27℃前後において最も活動的となり、30℃を超えると行動は緩やかになる。湿度に関しては70％〜80％が最も活発となり、90％を超えると活動は低下する。また、活動時における地表温度は21.5℃〜27.5℃である。

　ハブの行動性と風向、風速の関係性は不明な部分が多い。風向に関しては16方位全てにおいて活動可能であるが、東北東〜南西の方位の間を好む傾向がある。風速10mほどの強風下でも活動しているハブが観察された例はあるが、通常は風速２m〜４mの軽風下での発見例が多い。

　ハブの生活様式について、噛み砕いていうならば“ハブは暖かく、湿った夜を好む”ということになる。なお、暑熱に対する抵抗性は弱く、140cmの個体が気温38℃、地表温度42℃の直射日光下では、わずか８分で死亡したという記録がある。しかしながら、これはハブに限ったことではなく、ヘビ類全般にいえることでもある。

　ハブは獲物を捕食する際、咬みついて毒を注入した後は反撃を避けるため獲物を一度放し、毒がまわって動けなくなるのを確認してから、再度、頭部よりゆっくりと嚥下していく。なお、ハブの幼蛇が尾の先端を動かして餌となるトカゲなどをおびき寄せる、いわゆる“ルアー行動”（主にマムシ亜科のクマドリマムシ *Agkistrodon bilineatus* やコブラ科のトゲオマムシ *Acanthophis antarcticus* の幼蛇に見られる捕食行動の一つ）を野外で目撃したという報告はあるが、詳細は不明である。

　ハブの顎骨は前後左右とも緩やかな靱帯や筋肉で連結されており、獲物の大きさに合わせて開閉伸縮することができる。そして獲物を頭部からくわえて嚥下する。頭部から飲み込むのは、逆であると獲物の手足が広がって邪魔になるからであり、ハブもそれを本能的に理解しているのであろう（飼育下の個体では頭部以外から飲み込む個体も稀に存在する）。飼育下では咬みつい

た餌を放さない個体もいるが（飼育下で与えられる餌はすでに死亡したハツカネズミ *Mus musculus* やドブネズミ *Rattus norvegicus* を湯などで加温したものであることが多く、ハブも経験により反撃されないことを学習していると考えられる）、その場合も顎を巧みに使って頭部を探り当て、嚥下していく。その際、ハブの口や喉は食物で一杯になるが、非常に丈夫な気管を備えているため、息が詰まることはない。なお、ハブに限られたことではないが、長い毒牙は獲物に突き刺して左右に動かして頭部を探したり、口内へたぐり寄せることにも用いられる。

　ハブが野生下でどれほどの食物を必要としているのかは不明である。変温動物であり、外界の温度に行動を左右されるハブは、冬季（12月〜2月）には餌をほとんど摂取していないと考えられている。逆に、最も活発に活動して捕食するのは9月〜10月であり、これは冬季に備えている可能性がある。なお、国外における飼育下での観察であるが、全長約100cmの個体で年間40匹〜60匹、多い場合は100匹以上のハツカネズミの成体を捕食するという（冬季も保温飼育を続けた場合）。消化力についてはいまだ不明な部分が多いが、健康な亜成体以上の個体であれば、ハツカネズミ1匹を48時間ほどで消化でき、ネズミの毛などは2日〜6日で糞と共に排出される。

　ハブは絶食に強いことで知られている。茅葺き屋根の茅を替えたところ、茅とともに垂木に縛られていたハブが5年も生きていたという俗話もある。実際に飼育下で孵化した幼蛇が、最終摂食後、水のみで251日以上生きたという記録がある。逆に、乾燥と水切れには弱く、2週間〜6週間ほどで死に至る（余談であるが、サキシマハブでは水だけで145日、トカラハブでは130日の絶食記録がある）。

　70cm以上に育ったハブの雄は捕獲時に白いクリーム状の物質（褐色で強い臭いがある臭腺からの排泄物とは異なり無臭）を総排泄腔から排出することがある。これは交尾栓の可能性もあるが、詳しいことは分かっていない。交尾栓（膣栓とも）とはユウダ科のガーターヘビ属 *Thamnophis* やミズベヘビ属 *Nerodia* の一部の種類で見られ、栓そのものとなることが確認されており、クサリヘビ科のヨーロッパクサリヘビ *Vipera berus* においては雌の子宮を栓状に硬化させ、他の雄との交尾を阻害する。

脱皮は爬虫類にとって不可避の生理現象である。ハブは孵化後８日〜14日で第１回脱皮（この第１回脱皮は全てのヘビ類で見られ、それが終わるまで餌も必要としない）を行う。その後は環境や個体の年齢（成長期の若い個体ほど脱皮の頻度が多くなる）、健康状態に左右されるが、定期的に餌を与えられている飼育下では年に８回〜15回の脱皮を行う。保温して活性を上げておけば冬季も成長し、脱皮を行う。野生下では、その頻度が若干下がると考えられる（冬季は脱皮を行わない）。しかしながら、成長速度は飼育下も野生下もさほど差がないという記録もある。

　ハブは地上で発見されることが多いが（地域によっては樹上で発見されることが多くなる。徳之島などでは樹上での発見例が多い。その理由として、奄美大島や沖縄本島では地上を這う餌動物が多いが、徳之島などでは樹上に餌動物が多いからであろう）、強い登攀力（とうはん）を持ち、樹上でも多くの時間を過ごす場合がある。特に太い幹の上や樹洞などでは長時間休憩している姿が確認されている。時には高圧電線の鉄塔によじ登ることもあり、1973年５月30日には沖縄県那覇市周辺の２つの変電所がハブの接触により故障し、首里を中心に約２万5000戸が４時間にわたって停電したという記録がある。ハブが樹上に登るのは鳥類を捕食するためや、酷暑を逃れるためと考えられるが、夜間に樹上で交尾を行う姿も確認されている。水中では長時間活動することはできないが、距離にして約700 mを泳いだ記録がある。

　ハブの繁殖に関する知見は非常に少ない。野外での観察例が少ないのはもちろんのこと、飼育下における繁殖例もほとんどない（持腹による産卵は時折ある。なお、同属のサキシマハブは飼育下における繁殖例がある）。その珍しさ故か、ハブの交尾の目撃は凶事の前兆という説話まである。一般に動物の性行動というものは種保存のために重要な行為であるだけでなく、無防備な状態に近いため、外敵に発見されないよう慎重に時間と場所を選んで行われるものである。また、ニホンマムシやガラガラヘビ属 Crotalus、インディゴヘビ属 Drymarchon などでは交尾後、卵管入口付近にある貯精嚢にて精子が１年〜４年保存される、いわゆる遅延受精が可能なことが分かっているが、ハブに関してはまだ不明な部分が多い（単独飼育開始から２年後に産卵、孵化したという例はある）。なお、近年では意外な爬虫類（コモドオオトカゲ

Varanus komodoensis、ヒャクメオオトカゲ *Varanus panoptes*、ミンダナオミズ
オオトカゲ *Varanus cumingi*、アミメニシキヘビ *Python reticulatus*、ヌママムシ
Agkistrodon piscivorus、アメリカマムシ *Agkistrodon contortrix* など）の単為生
殖が判明している。

　以前は、単為生殖はランダムに起きる生殖上のミスという説や、細菌やウ
イルスが誘因するという説、または種を維持するための最終手段と考えられ
ていたが、実際は一般的な現象である可能性もある。おそらく今後、爬虫類
や鳥類、魚類の多くの種類で単為生殖が発見されると考えられており、ハブ
にもその能力が備わっていないとは言い切れない。

　地域によって若干異なるが、雌は産卵する前年の10月頃から黄卵蓄積が始
まり、5月に急激に肥大し、6月に排卵される。雄の精子形成は7月〜11月
に行われ、10月〜12月に排出され、輸精管に蓄えられると考えられている。
繁殖期は沖縄諸島では3月〜6月頃、奄美群島では4月〜5月頃で、この時
期には雄同士が雌を巡って優劣を争うコンバットダンス（Combat dance）を
行うことが知られている。雄同士が絡み合い、相手の上に出て押さえ付ける
というもので、弱い方が逃げ出すことで決着する。咬み合うようなことはな
く（他のヘビ類では頸部や胴部を咬むものもいる）、極めて視覚的、触覚的な
行動であるといえる。なお、ハブには神経質な一面があるが、このコンバッ
トダンスは人間が近距離で観察していても止むことはない。

　ハブの半陰茎は左右に一対あり、通常は尾の基部に収納されており、交尾
の際に総排出腔から左右どちらか片方が反転することにより突出する。その
ため、精子は管ではなく精溝と呼ばれる溝を伝って雌の総排出腔に到達する。
半陰茎には棘状の突起が多数あるが、これは交尾中に雌の体内で位置を固定
するためであると考えられている。交尾時間については不明な部分が多いが、
27時間という観察記録がある（ヘビ類の交尾時間は小型種ほど長く、大型種
ほど短いという説があるが、科学的根拠に乏しい。全長30cm〜60cmのヒャン
で20時間、全長80cm〜150cmのシマヘビで12時間以上、全長60cm〜130cmのヤ
マカガシでは7時間〜48時間という記録がある）。

　繁殖形態は卵生で、産卵は年1回、もしくは2年〜3年に1回。沖縄諸島
では8月〜9月頃、奄美群島では7月〜8月頃に、雌は3時間〜6時間（長

い場合は72時間に及ぶこともある。飼育下での視察では15分〜20分におきに1卵ずつ産卵）かけて、直径40mm〜70mm、重さ28g〜40g前後の、光沢のない白色の卵を3個〜18個産む。最も多い記録は奄美大島で採集された221cm、体重3500g（産卵開始前）の個体で、21個である。産卵数は雌個体の大きさにより異なる（年齢が産卵数に関係している可能性もある）。110cm台では平均4個であるが、大きくなるに伴い産卵数は増加し、150cm台では17個以上産卵することもある。しかしながら、160cm以上では減少傾向にある。産卵中の個体は通常よりも興奮しやすく、攻撃的であり、産卵後も母親が卵を保護している例が観察されているが、どれほどの期間保護するのかは不明である（飼育下では抱卵しなかった例もある）。

　野生下での産卵場所は樹木などに覆われた岩の割れ目や石垣などであることが多く、産卵は20時以降に開始されることが多い。産卵場所の乾湿は孵化率と密接な関係があると思われる。なお、東南アジアに生息するアジアハブ属の多くが樹上性で卵胎生であるのに対して、南西諸島のハブ属が卵生なのは、古い時代に大陸から切り離されたため生活様式に大きな変化を受けなかったためだと考えられている。

　産下直後の卵内において胚子はすでに6cm〜8cmに発育しており、卵は38日〜51日（多くの場合44日前後）で孵化する。孵化前日には卵内で幼蛇が動き回り、卵殻が変形していることがある。その後、幼蛇は卵歯で卵殻に1本〜4本の割れ目を付け、1時間〜30時間かけて外界に出てくるが、それにかかる時間は個体差が大きい。稀に双子（一つの卵から2匹が生まれる）も存在するが、通常よりも小型で生存率も低い。また、飼育下にて低温（20℃前後）で管理された卵（低温孵卵下）からは斑紋や色彩が通常と異なる個体が生まれることがある。

　幼蛇は全長約35cm〜40cm。色彩、斑紋が成体より鮮明ですでに毒と毒牙を備えており、危険を感じると直ちに敵対行動をとり、第1回脱皮の直後から摂食を行う。孵化直後の性比は、雄：雌＝6：4ほどであるが、1978年に奄美大島で捕獲された2350匹の性比は雄：雌＝7：3であり、沖縄で捕獲されるハブの性比も雄：雌＝6：4という記録がある。これは雄と雌の生存率や活動性の違いであると思われるが、詳しくは分かっていない。

　12月〜3月の冬季でもハブは完全な冬眠は行わないが、活動性は低くなる。主に南向きの日が当たる石垣や岩窟、古墓などの隙間を利用し、時には複数匹が一カ所に集まっている場合がある。非常に特殊な例であろうが、冬季に山小屋で休憩していた人間の懐にハブが侵入してきたという事例もある。

　自然下におけるハブの生存率は0.75％と推定されており、成長速度は個体によって差があるが、生後1年で約60cm〜80cm、2年で約80cm〜90cm、3年で約100cm、4年で約120cmに達する。飼育下の実験であるが、9月に孵化した約35cmの幼蛇は翌年の3月までに45cm成長し、その4月から10月までには95cmほど成長した記録もある。なお、性成熟は雄の方が早く約2年、雌は2年〜3年かかると考えられている。

　野生下におけるハブの平均寿命は7年〜10年とされており、雌よりも大型になる雄の方が長寿である可能性が高い。しかしながら、より小型のサキシマハブで17年の飼育記録があるので、飼育下ではより長く（20年以上）生きる可能性がある。また、ハブは一部無人の島嶼にも分布しているので、それらの個体群ではさらに長寿である可能性もある。極端な例であるが、伊豆諸島神津島の東側沖合約1kmに位置する祇苗島に生息するシマヘビは海鳥のヒナや卵を捕食することにより、全長2m以上（通常は130cm〜150cmほど。日本本土における最大記録は筆者の知る限り179cm）に成長し、寿命は40年前後（通常は10年〜15年）と推定される。シマヘビは30万年前〜60万年前には祇苗島に分布していたと考えられているが、神津島に生息する個体とでは遺伝的差異は見いだされていないことから、短期間で迅速な進化が起きた結果と推察されている。なお、ヘビ類には硬骨魚類の鱗のように年齢を表す指標はないが、ハブの脊椎骨には年輪様構造物（リングとも）があり、1年（夏季）に一本形成される（ハブの絶対年齢は年輪様構造物＋1歳と推察される）。

　ハブの性質は非常に神経質で攻撃的であることが知られている。毒蛇は普通、危険を感じなければ攻撃をしてこない。ハブも同じではあるが、危険と判断するまでの時間が非常に短く、大型であるため、攻撃範囲（臨界距離、クリティカル・ディスタンスとも）が広い。故にハブの存在に気付けず、農作業をしていると、いきなり茂みから咬まれたという咬傷例も多い。

　危険を感じると、体の前半部をS字型に曲げて攻撃姿勢を取るが、興奮度

が高まるとそれは8の字型となり、さらに、それらが重なるようになり、尾の先端を激しく震わせる（飼育下で餌を捕食する際には尾を震わせないので、一種の威嚇習性と思われる）。そして、標的の動きに合わせて体の前部を左右させ、常に敵と対面し、攻撃時には毒牙を立たせ、口を大きく開けて30度ほどの対地角度で全長の1/3～2/3ほどが一直線に伸び、細い頸部につながっている大きく重い頭部を叩きつけるようにして咬みつく。続いて上下顎骨部の筋肉により毒腺が圧迫され、毒液が毒牙の管腔を通って外部へ放出される。

　ハブは日本の毒蛇としては最も多くの毒量を保持しているが（約300mg～360mg。ニホンマムシ約28mg、ヤマカガシ8mg）、一度の攻撃で毒液の全てを使うことはなく、平均1/16（約22.5mg）のみを使用するため、連続した攻撃も可能である。故に咬傷被害者の中には1匹のハブに複数回咬まれたことによる重症例や死亡例も珍しくない。ハブが獲物となるネズミなどを行動不能にするだけなら、通常使用される毒量よりもずっと少量でも可能であるが、あえて余剰力を使用する理由は、捕らえた獲物からの反撃を防ぐためであると考えられる。なお、毒を用いて捕食しているため、巻き付く力は強くない。

　ハブによる攻撃は、一連の行為が非常に素早く行われるため、現地の人々はハブに咬まれることを「ハブに打たれる」もしくは「ハブ当たり」と言う（「ハブに咬まれる」と直接表現することを禁忌としていた時代もあった。なお、ハブに限定されたものではないが、毒蛇咬傷に対して"打咬"もしくは"毒吐き"という言葉がある）。毒蛇の攻撃速度に関しては、少なくとも19世紀初頭から記録があり、近年ではナミヘビ科のセイブネズミヘビ *Pantherophis obsoletus* やクサリヘビ科のヌマムシ、シーダオマムシ *Gloydius shedaoensis*、ニシダイヤガラガラヘビ *Crotalus atrox*、ヤジリハブ属、シロクチアオハブ *Trimeresurus albolabris*、パフアダー *Bitis arietans* の7種を対象に1コマに0.0004秒、1秒間に250コマの撮影が可能なハイスピードカメラを使用した実験の結果、7種共に8.6cm～27cmの短い距離を2.10m/s～3.53m/sの速度と98m/s^2～279m/s^2の加速度で動くことが判明した。この7種が人間に咬みつくまでに要する時間は0.048秒～0.084秒であり、ハブはこれらの毒蛇よりも大型で広い攻撃範囲を持っている。人間が攻撃に反応して筋肉を動かすのにかかる時間は約0.2秒といわれており、実質的な対応は難しい。カメレオン科

Chamaeleonidaeなども高速で舌を伸ばして獲物をとるなど洗練された捕食方法を持っているが、ヘビ類は極めて重要な頭部を直接使っている。通常、頭部への加速度が強すぎると脳血流に影響があるが、ヘビ類は特に悪影響を受けていないようであり、その理由はよく分かっていない。

　もちろんハブはわざわざ人間を狙って襲ってきたりはしない。そのため、こちらがある程度の距離（1.5m〜2m以上）をもって先に見つけることさえできれば危険は回避できる。また、科学的根拠は乏しいが、ハブは生息地によって性質に差があるともいわれている。例えば、奄美大島のハブは沖縄本島の個体群より気性が荒く、沖縄本島北部に生息する個体群は南部の個体群よりも穏やかであるといわれる。そして徳之島の個体群は最も攻撃的であるとされ、実際に徳之島はハブの咬傷被害が最も多い地域である。筆者も各地域でハブを観察してきたが、奄美大島や徳之島の個体は沖縄本島の個体よりも気性が激しい個体が多いように感じる。余談であるが、1995年まで人類における世界最長寿としてギネスブックで公認されていた徳之島伊仙町出身の泉重千代（1865?-1986）さんも44歳の頃にハブにかまれ、左手の第四指が屈折したままだった。なお、科学的根拠は乏しいが、各地で発見されている色彩型の一つ、"ギンハブ"は地域を問わずおとなしい個体が多いといわれており、"キンハブ"は気性が荒いといわれている。

Ⅰ−5．食性

　ハブの食性は非常に多岐にわたることが確認されている。雌雄による差などはないが、成長過程、大きさ、地域による差は存在する。以下にハブによる捕食が確認された動物を示すが、実際はより多くの種類が捕食されている可能性が高い。

◆魚類
ウナギ*Anguillidae japonica*、オオウナギ*Anguilla marmorata*、ウツボの一種*Gymnothorax sp*

◆両生類

イボイモリ *Echinotriton andersoni*、シリケンイモリ *Cynops ensicauda*、ハロウェルアマガエル *Hyla hallowellii*、リュウキュウアカガエル *Rana ulma*、ヌマガエル *Fejervarya kawamurai*、ナミエガエル *Limnonectes namiyei*、イシカワガエル *Rana ishikawae*、ハナサキガエル *Odorrana narina*、アマミハナサキガエル *Odorrana amamiensis*、オットンガエル *Babina subaspera*、ホルストガエル *Babina holsti*、オキナワアオガエル *Rhacophorus viridis*、シロアゴガエル *Polypedates leucomystax*、ニホンカジカガエル（リュウキュウカジカガエル）*Buergeria japonica*、ヒメアマガエル *Microhyla okinavensis*

◆爬虫類

オンナダケヤモリ *Gehyra mutilata*、ミナミヤモリ *Gekko hokouensis*、ホオグロヤモリ *Hemidactylus frenatus*、オガサワラヤモリ *Lepidodactylus lugubris*、クロイワトカゲモドキ *Goniurosaurus kuroiwae*、キノボリトカゲ *Diploderma polygonata*、バーバートカゲ *Plestiodon barbouri*、イシガキトカゲ *Plestiodon stimpsonii*、オキナワトカゲ *Plestiodon marginatus*、ヘリグロヒメトカゲ *Ateuchosaurus pellopleurus*、アオカナヘビ *Takydromus smaragdinus*、アマミタカチホヘビ *Achalinus werneri*、リュウキュウアオヘビ *Cyclophiops semicarinatus*、アカマタ、ガラスヒバァ、ヒャン、ヒメハブ、ハブ（共食い）

◆鳥類

ルリカケス *Garrulus lidthi*、コムクドリ *Sturnus philippensis*、スズメ *Passer montanus*、メジロ *Zosterops japonicus*、ヒヨドリ *Hypsipetes amaurotis*、ハクセキレイ *Motacilla alba*、キセキレイ *Motacilla cinerea*、ヤマガラ *Parus varius*、コゲラ *Dendrocopos kizuki*、オオアカゲラ *Dendrocopos leucotos*、セッカ *Cisticola juncidis*、アカショウビン *Halcyon coromanda*、ウグイス *Horornis diphone*、アカハラ *Turdus chrysolaus*、シロハラ *Turdus pallidus*、ササゴイ *Butorides striatus*、セイタカシギ *Himantopus himantopus*、コサギ *Egretta garzetta*、ユリカモメ *Larus ridibundus*、イソヒヨドリ *Monticola solitarius*、ノゴマ *Luscinia calliope*、シジュウカラ *Parus minor*、リュウキュウツバメ *Hirundo tahitica*、ズアカアオバト

Treron formosae、アマミヤマシギ *Scolopax mira*、バン *Gallinula chloropus*、ヒ クイナ *Porzana fusca erythrothorax*、ミフウズラ *Turnix suscitator*、ヤンバルク イナ *Gallirallus okinawae*（卵も捕食例あり）、リュウキュウコノハズク *Otus elegans elegans*、ニワトリ、セキセイインコ *Melopsittacus undulatus*

◆哺乳類

ワタセジネズミ *Crocidura watasei*、オリイジネズミ *Crocidura orii*、ジャコウネ ズミ *Suncus murinus*、コキクガシラコウモリ *Rhinolophus cornutus*、クビワオオ コウモリ *Pteropus dasymallus*、オキナワハツカネズミ *Mus caroli*、ハツカネズ ミ、アマミトゲネズミ *Tokudaia osimensis*、クマネズミ、ドブネズミ、ケナガ ネズミ *Diplothrix legata*、アマミノクロウサギ *Pentalagus furnessi*、イノシシ *Sus scrofa*、フイリマングース *Herpestes auropunctatus*、イエネコ *Felis silvestris catus*、カイウサギ *Oryctolagus cuniculus*

◆国内外の飼育下において捕食が確認されたもの

トノサマガエル *Pelophylax nigromaculatus*、モリアオガエル *Rhacophorus arboreus*、ニホンヤモリ *Gekko japonicus*、ヒラオヤモリ *Cosymbotus platyurus*、 ハイナントカゲモドキ *Goniurosaurus hainanensis*、ヒョウモントカゲモドキ *Eublepharis macularius*、キノボリヤモリ *Hemiphyllodactylus typus*、グリーンア ノール *Anolis carolinensis*、ニホンカナヘビ *Takydromus tachydromoides*、ムスジ カナヘビ *Takydromus sexlineatus*、ニホントカゲ *Plestiodon japonicus*、東南アジ アに産するトカゲ属 *Eutropis sp*、インドシナウォータードラゴン *Physignathus cocincinus*、ミヤビキノボリトカゲ、*Diploderma splendidum*、ブンチョウ *Lonchura oryzivora*（雛）、ジュウシマツ *Lonchura striata var.domestica*、ベニス ズメ *Amandava amandava*、ウズラ *Coturnix japonica*、キヌゲネズミ属 *Mesocricetus sp*

以上がハブによる捕食の記録があった動物である。一部に非常に稀な例や、

国内外で飼育されていた個体からの記録も含めてある。ハブの食性は地域や季節によって差が見られ、徳之島や水納島では年間を通じて両生類や爬虫類、鳥類を多く捕食しているという説があり、沖縄本島北部の山岳地帯にすむ個体群は主にホルストガエルを捕食しているという報告もある。

　ハブによるウナギ類の捕食は奄美大島で記録されたものである。同所では河川でハブとウナギが絡み合っていたという目撃例があり、古くからハブはウナギを好むという口承もある（ハブはウナギが化けたものであるという民話も伝わっている）。クサリヘビ科で魚類を捕食するものは少数いるが（アジアハブ属のシロクチアオハブやヌママムシなど）、ハブ属では珍しい（小宝島にて生魚の解体時に生じた内臓をトカラハブが食べていたという目撃例がある）。また、海産のウツボ類の幼魚が捕食されていた例も奄美大島における記録である。確認されたハブは海岸近くで採集されたものであり、干潮時に潮溜まりなどに取り残されたものを捕食した可能性が高い。陸棲のヘビ類が海産魚類（ギンポ類）を捕食する例はアカマタなどでも知られているが、多くはなく、好んで捕食しているかどうかは不明である。ナミヘビ科の一部の種類では、本来の食性とは異なる生物でも、激しい動きに刺激されて突発的に咬みつき、そのまま捕食した例が観察されている（パラダイストビヘビ *Chrysopelea paradisi* が地上で跳ねまわる魚に樹上から飛び掛かり、捕食した例などがある。おそらく本来の食性であるトカゲ類と間違えたのであろう）。最も、ハブを含むクサリヘビ科の捕食方法はナミヘビ科とは異なるため、簡単に比較することはできないのも事実である。

　両生類では、外来種であるウシガエル *Lithobates catesbeiana*（日本国内には1918年にアメリカ合衆国ルイジアナ州ニューオーリンズより輸入され、現在は日本列島のほぼ全域と周辺島嶼、奄美群島・沖縄諸島、八重山諸島に帰化）以外、ほとんどの両生類がハブの餌動物になっていると思われる（国産のヘビ類の多くはウシガエルを忌避する場合が多い。また、ウシガエルがヘビ類を捕食することもある）。また、ロード・キル（Road kill：車両などによる轢死）に遭ったカエル（種不明）の体内より飛び出した卵塊をハブが食べていた例もある。なお、科学的根拠は乏しいが、在来のアオガエル属はハブが接近すると身をかがめ、通常よりも低い鳴き声を発し、周囲に危険を促すとい

う説がある。危険を知らされた別の個体も同様の行動を取り、最終的には周辺からカエルの鳴き声が止んでしまうというものである。イモリ類ではイボイモリ、シリケンイモリの２種ともに捕食例がある。イモリ類の皮膚には体を保護するための粘液腺があり、毒液（テトロドトキシン）を出すものが多く、鳥類などはイモリ類の捕食を避けるという報告がある。飼育下における観察であるが、アメリカ合衆国南東部に分布するナンブミズベヘビ *Nerodia fasciata* や、東南アジアに広く分布するハイイロミズヘビ *Enhydris plumbea*、マダガスカルに分布するオオブタバナスベヘビ *Leiheterodon madagascariensis* などがアカハライモリ *Cynops pyrrhogaster* を捕食しようとして中毒死した例もある。イモリ類の毒性がハブにどのような影響を与えているのかは、不明な部分が多い。

　爬虫類も全長90㎜〜120㎜ほどのヘリグロヒメトカゲから同種であるハブまで、様々なものを捕食していることが分かっている。おそらくカメ類と海棲のウミヘビ亜科、そして地中棲であるメクラヘビ科 Typhlopidae のブラーミニメクラヘビ *Indotyphlops braminus* を除くほぼ全種が捕食対象となっている可能性が高い（小宝島にて車道でロード・キルに遭ったエラブウミヘビをサキシマハブが食べていたという目撃例はある）。大型に成長するヘビ類の多くは、成長段階によって食性が変化する傾向がある。幼蛇はカエルなどの両生類やトカゲなど小型の爬虫類を主要な食物としており、成長と共により大きなネズミなどの哺乳類や鳥類へと変化していく（条件が合えば幼蛇も哺乳類や鳥類を捕食する）。逆に、成長した個体は両生類や爬虫類の捕食量は減少していく（小型種、ハブ属ではナノハナハブなどは成長に伴い獲物の大きさは変わるが、その食性の主たるものは両生類・爬虫類のままであることが多い）。ハブもこれに同じであり、生後１年以内と思われる幼蛇からは両生類や爬虫類（トカゲ類やヤモリ類）の捕食が多く確認されている。ハブによるヘビ類の捕食は130㎝を超える個体からの記録が多い。これは多くのヘビ類が餌動物として大型の部類に入るからであろう（奄美大島にて52㎝の個体による共食いも１例のみだが確認されている）。また、ロード・キルに遭ったリュウキュウアオヘビの死体をハブが食べていた例もある。一般的にヘビ類によるヘビ類の捕食はリスクも高いため（他の動物に比べて嚥下に時間がかかり、その

間無防備となるなど。しかし、ワモンベニヘビなど一部の種類ではヘビ類を常食するものも存在する）、好んで捕食しているかどうかは不明である。なお、ヘビ類における共食いは、一部の種類においてはさほど珍しいことではなく、比較的古くから記録がある。本種以外にも国内ではアオダイショウ、ヤマカガシ、シマヘビ、シロマダラ *Dinodon orientale*、アカマタ、ニホンマムシなど。国外ではヌママムシ、セイブシシバナヘビ *Heterodon nasicus*、キングヘビ属 *Lampropeltis*、アカオパイプヘビ *Cylindrophis ruffus*、パプアニシキヘビ *Apodora papuana*、オオアナコンダ *Eunectes murinus*、フードコブラ属、アメリカマムシ属 *Agkistrodon* などが知られている。

　鳥類も従来の想像以上に多くの種が捕食されていることが、近年の研究で分かりつつある。鳥類を捕食するのは全長130cm以上に成長した個体が多い。中でも記録にあるルリカケス、バン、アマミヤマシギ、アカショウビン、ニワトリ（生後8週ほどの雛）などは大型の部類に入り、捕食していたハブも170cm〜200cm以上の個体であった。その他いくつかの鳥類においては、巣に侵入して雛などを捕食していたことが分かっている。また、2013年には沖縄県国頭村にてヤンバルクイナの成鳥（36cm）を捕食中の170cm個体の体内から卵が4個発見された。ハブが鳥卵を捕食するという説は古くからあったが、実際に捕食が確認された珍しい例である（現在でもハブが鳥卵を捕食する詳しい方法は分かっていない。鶏小屋にてハブが金網の隙間に尾を忍び込ませ、尾を鶏卵に絡ませて引き寄せていた、という目撃情報はある）。セキセイインコとメジロ捕食の数例はハブが鳥籠に侵入して食べたというものである。また、野外では小鳥（特にスズメやメジロ）は、ハブを発見すると特異な動作と鳴き声を繰り返すことが観察されている。同属ではトカラハブの食性に鳥類が大きな割合を占めることが分かっているが、ハブ属がどのようにして鳥類を捕食しているのか、不明な部分が多い。また、8月以降は鳥類の捕食率が高くなるが、これは酷熱時期にハブが比較的冷涼な樹林地帯や川溝へ移動することに関係していると考えられる。なお、秋季には樹上におけるハブの発見例や咬傷例が多くなる傾向があり、これも鳥類捕食のための行動である可能性はあるが、詳しくは分かっていない。

　奄美大島におけるハブの食性のうち、哺乳類は実に80％を占めており、そ

の内訳の約80％は外来種であるクマネズミとドブネズミであり、さらにクマ
ネズミとドブネズミの割合は３：１という報告がある。これはクマネズミの
方がドブネズミよりも多様な環境に適応しているからであろう。在来種のケ
ナガネズミも捕食されているが、その割合は少ない。これは本種が全長25cm
にも達する大型種であり、捕食できるハブは160cm以上の成体であること、ま
た、ケナガネズミがハブの捕食に対する抵抗手段を持つことに起因すると思
われる（在来種におけるハブの捕食に対する抵抗手段については別項にて述
べる）。

　ハブがフイリマングースを捕食していたという目撃例は数多くある。ハブ
は比較的大型の哺乳類も捕食しているので、その可能性は高い。2013年には
宜野湾市にて鳥籠に入っていたフイリマングースを丸のみにしていたハブも
見つかっている（発見後に捕獲され、吐き出している）。ハブによるイエネコ
やカイウサギ、アマミノクロウサギ、クビワオオコウモリ、イノシシ（徳之
島にて拾得されたハブの死体の体内より、体長約30cmの幼獣が見つかった。
死亡原因は不明だが、イノシシを食べたことによる内臓圧迫などの可能性も
ある）などの捕食が少数報告されているが、これらはハブの大きさから考え
ても非常に大型である。ハブは他のハブ属および近縁なアジアハブ属に比べ
て大型の獲物を飲み込める構造を持っている可能性が高い。なお、捕獲され
たハブの半数以上の胃や腸の中から数種類の回虫が発見されているが、これ
らはカエル等の中間宿主から感染したものである。これらの寄生虫がハブに
どのような影響を与えているのかは、分かっていない。

　ハブの体内から十脚目 Decapoda、や直翅目 Orthoptera、鞘翅目 Coleoptera の
一部が見つかった例があるが、ハブがこれらを捕食したわけではなく、これ
らを摂食中のネズミや鳥類をハブが捕食した可能性が高い（しかしながら、
クサリヘビ科でもノコギリヘビ Echis carinatus など節足動物を捕食する種類
はいる）。稀ではあるが、ハブの体内から実や種、葉が見つかることがある。
これらも餌動物からの転移、もしくは誤食（獲物の捕食時などに何らかの理
由で非意図的に一緒に飲み込んだ）であろう。また、生まれて間もないハブ
の幼蛇はナメクジなど有肺目 Pulmonata などを食べているという説もある
が、確実な観察例はない。

一覧には国内外の飼育下において捕食が確認されたものも掲載してあるが（P35「Ⅰ－5・食性」）、飼育されるハブのほとんどには養殖されたハツカネズミ、ドブネズミが与えられており、それ以外は偏食の個体や拒食時において与えられる場合が多い。しかしながら、国外の野生動物を与えることはハブにとって危険を伴う可能性もある。

　他のハブ属の食性に関する知見が少ないということもあるが、ハブは元来幅広い食性を持つ（主要な餌として知られているクマネズミ、ドブネズミは外来種である。これらについては別項で述べる）。これは大きな特徴であると考えられる。このような進化を遂げた要因の一つとして、ハブの天敵となる存在が少なかったこと、そして、生息地に大型のナミヘビ類が生息していなかったため生態的地位を独占し、大型化したこと（大型化すると同時に食性の幅も広がったと考えられる）、さらに、生息地の生物相が豊かであることなども挙げられよう。

Ⅰ－6．毒性

　毒腺は耳下腺、上唇腺に相当する唾液腺の一種が変化したもので、毒液は他の動物にとっては毒物であるが、ハブ自体にとっては消化酵素の一つに過ぎない。毒液の外観は黄白色を帯びた、粘性のある不透明な液体である。

　蛇毒は毒成分の生理機能により神経毒を中心とするコブラ科と、出血毒を中心とするクサリヘビ科に大きく分類されてきたが、研究の進展と共にそう単純ではないことが分かってきた。ハブの毒が一般的なクサリヘビ科と同様に出血毒が主成分であることには違いないが、神経毒成分や免疫系の補体系活性化成分も存在し、非常に多様な生理機能を有するタンパク質が内在していることが判明している。以下にハブの毒に含まれる代表的な酵素と生理活性成分を示す（表1）。

　毒の本体とも言える金属プロテアーゼ（出血因子）は、血管壁損傷、筋肉分解、フィブリノーゲン（血液凝固に関わるタンパク質で、止血の中心的な役割を担う）分解をさせ、細胞死を誘導する。

　セリンプロテアーゼはタンパク質分解酵素であり、フィブリノーゲンや血

液凝固因子に特異的に作用し、血液凝固を部分的に発生させる。血管内で微小な凝固を発生させることは、結果的にフィブリノーゲンを減少させて出血を引き起こすこととなる。

表1　ハブの毒に含まれる代表的な酵素と生理活性成分

酵素および生理活性成分	タンパク質名	性質
金属プロテアーゼ	HR1a	出血活性
	HR1b	出血活性
	HR2a	出血活性
	HR2b	出血活性
	H2-proteinase	非出血性プロテアーゼ
	HV1	アポトーシス誘導
セリンプロテアーゼ	Flavoxobin	補体系活性化
	Habutobin	補体系活性化
C型レクチン様タンパク質	IX/X因子結合タンパク質	抗凝固活性
	IX 因子結合タンパク質	抗凝固活性
	Flavocetin A	血小板凝集阻害
ホスホリパーゼA2	PLA_2	筋壊死、溶血、浮腫、神経毒性、筋収縮
	PLA-B	筋壊死、溶血、浮腫、神経毒性、筋収縮
	PLA-B'	筋壊死、溶血、浮腫、神経毒性、筋収縮
	PL-Y	筋壊死、溶血、浮腫、神経毒性、筋収縮
	BPI	筋壊死、溶血、浮腫、神経毒性、筋収縮
	BPII	筋壊死、溶血、浮腫、神経毒性、筋収縮
	PL-N	筋壊死、溶血、浮腫、神経毒性、筋収縮
	PLA-N(O)	筋壊死、溶血、浮腫、神経毒性、筋収縮
ディスインテグリン	Flavostain	血小板凝集阻害
	Flavoridin	血小板凝集阻害
	Triflavin	血小板凝集阻害
	Trimestatin	血小板凝集阻害
その他	Triflin	神経毒様活性

　C型レクチンはCa^{2+}イオン依存的糖鎖に特異的な結合を行う。ハブ毒の中にはレクチンとしての機能（糖鎖と結合する）を持つものや、血液凝固第IX、第X因子などに作用して血液凝固を阻害したり、血小板の凝縮・活性化、インテグリン分子（細胞接着に関わる）に作用して阻害するものがある。

　ホスホリパーゼA_2（ホスホリパーゼはリン脂質を脂肪酸とその他の親油性物質に加水分解する酵素であり、A_2リゾレシチンを生成する。蛇毒以外では蜂毒、蠍毒の主成分でもある）は赤血球の細胞膜を破壊し、溶血、細胞膜損傷、血小板凝縮の阻止、筋壊死、浮腫など、様々な病理的症状を引き起こす。

これらは後遺症の原因となる。

　ハブ毒は多様にして貴重な酵素の宝庫であるが、特にホスホリパーゼA_2は興味深い。本酵素はクサリヘビ科、コブラ科のみならず、ナミヘビ科のブームスラング *Dispholidus typus*（サハラ砂漠を除くアフリカ大陸に分布）やマイマイヘビ科 Dipsadidae のコマダラネコメヘビ *Leptodeira polysticta*（中南米に分布）など全ての毒蛇に含まれる成分であり、中でもハブ毒では本酵素に高い活性を持つことが知られている。また、本酵素に含まれるPLA_2は奄美大島、徳之島、沖縄本島の個体群に見られ、PLA-B は徳之島の個体群、PLB-B' は奄美大島の個体群、PL-Y は沖縄本島の個体群だけに見られるなど、地域によって差があることが判明している。なお、奄美大島と徳之島のハブ毒には多量に含まれる筋壊死成分である BPI と BPII が、沖縄本島のハブには欠落している。この原因は、それぞれの島における生息環境や食性の違いが関係していると考えられる（奄美大島のハブの食性は80％以上がネズミであるが、沖縄本島北部山岳地帯の個体群は主にホルストガエルを捕食しているという説がある。カエルを餌とする個体群にとって強力な筋壊死因子は必要としない）。

　ディスインテグリンは血小板凝集を阻止し、血液凝固を妨害する。その他、神経毒素タンパク質である Triflin は Ca^{2+} チャネル（カルシウムチャネルは、カルシウムイオンを選択的に透過させる膜貫通タンパク質の一種）を遮断してしまう。また、近年の研究よりコブラ毒（主に神経毒）の主成分の一つである三本指型トキシンもハブ毒より見つかっているが、詳しい機能はよく分かっていない。

　近年、分子生物学の分野において、ハブ毒の研究は著しい成果を上げている。2017年、沖縄科学技術大学院大学と沖縄県衛生環境研究チームはサキシマハブとタイワンハブにおける毒のゲノムを解析した結果、餌を捕らえるのに有利な強い毒だけでなく、弱い毒も次世代に受け継ぎながら進化しており、それが遺伝的浮動（無作為抽出の効果によって生じる、遺伝子プールにおける対立遺伝子頻度の変化。この変化には自然選択の効果は含まれていない）である可能性が示唆された。すなわち、自然選択の過程の中で有利な習性を子孫に残していくのが普通であるが、必ずしも有益に見えないその他の特性も受け継がれていくということである。毒液は"より効果を高める"方向と、

"より効果を減少させる"方向の、一見真逆に位置する2本の軸に向かって同時に進化をしているのだろうか。

　2018年には、九州大学生体防除医学研究所らは奄美大島産のハブからゲノムDNAを抽出し、超並列シークエンサ（大規模で網羅的なゲノム配列解析を、超並列化させることで高速に行う装置）で解析した。10億本のDNA断片データを取得（合計136Gb）、これらをつなぎ合わせてハブゲノムドラフト配列"HabAm1（全長1.4Gb）"を完成させた。また、18種の臓器、組織からRNAを抽出、これらも超並列シークエンサで配列を決定し、各組織で発現している遺伝子情報を調査した。結果としてHabAm1から2万5134個の遺伝子を発見、さらに、毒液として働くタンパク質の遺伝子を60個、それらと兄弟のタンパク質でありながら毒として働かない遺伝子（非毒性パラログ。遺伝子重複によって生じた遺伝子コピーのうち、毒としての機能を持っていないタンパク質の遺伝子）を224個同定した。また、毒液関連遺伝子のうち、特に4つのタンパク質（金属プロテアーゼ、ホスホリパーゼA、セリンプロテアーゼ、C型レクチン）では遺伝子のコピー数が大幅に増加し、さらに加速進化（コピー間のアミノ酸の置換速度が上昇）していること、毒液関連遺伝子群が爬虫類や鳥類に特徴的な組み換え率の高い微小染色体に多く存在していることなどを見いだした。これらの結果からは、ハブの毒液遺伝子群が高度に多重化、かつ急速に多様化しながら進化してきたことが示唆された。余談であるが、現在までに全ゲノム配列が報告されていたのはビルマニシキヘビ*Python bivittatus*、キングコブラ*Ophiophagus hannah*、ヒャッポダ*Deinagkistrodon acutus*、タイワンハブの4種であるが、いずれも電子カタログ作成までであり、遺伝子と染色体の関連性までを解析対象としたものはこれが世界初である。

　今後、分子生物学的研究が進めば、ハブ毒の作用機構の解明、さらに効果の高い抗毒素の開発、血栓などの新薬、さらにはヘビがいかにして毒というシステムを手に入れたのか、ということが解明されるかもしれない。

　ハブの毒性そのものはさほど強いものではない（半致死量マウスLD50［静注］54mg/kg、［皮下］27mg/kg）。本土に生息するニホンマムシ（半致死量マウスLD50［静注］16mg/kg）の1/3程度である。しかしながら、一回に注入

される毒量が平均21.1mg～22.5mg、最大で103mgと非常に多い。興奮した個体が飼育容器に張られていた金網に咬みついた際に毒液が飛び散り、人間の眼に入ったという被害例もある。人体に対する蛇毒の影響度合いは毒そのものの強さより、注入された毒量に問題がある（人間に対する被害については別項にて述べる）。しかも、1.5cm～2cmほどもある長い毒牙で深くまで注入されることにより、毒の吸収効率を高くしている（ニホンマムシの毒牙は4mm程度）。なお、ハブの毒性の強弱は生息地の植生に左右されるという俗説があるが、事実ではない（一例として、キク科Asteraceaeの多年生植物であるニガナ Ixeris dentata の生えている所に生息するハブは通常の個体よりも毒性が強いという俗説がある）。

　ハブと同所で発見例のある他の毒蛇とのおおよその比較は、ヒメハブ0.4倍、サキシマハブ0.7倍、タイワンハブ1.2倍、タイコブラ13倍、ヒャン4倍（20倍以上という説もある）、エラブウミヘビ20倍となっている。コブラ科とウミヘビ亜科は神経毒を主成分とする強い毒性を持っているが、タイコブラは定着しておらず、ウミヘビも性質がおとなしいため、ほとんど被害はない。おなじくコブラ科のヒャンも強い毒性を持っているが小型で人目につかず、攻撃性もほとんどないため人間への被害は報告されていない（潜在的な危険性はある）。

　サキシマハブは沖縄本島南部に定着しているが、毒性はハブに比べて低く性質もおとなしい。本部半島東部に帰化しているタイワンハブは攻撃性が比較的高く、原産地の一つである台湾では最も被害の多い毒蛇であり、毒性もハブより強いが、帰化したのが医療設備の整った近年であること（抗毒血清はハブ用のもので効果がある）、ハブに比べて一回に注入される毒量が少ないことから、大きな被害は出ていない。異種間交雑種（サキシマハブ、もしくはタイワンハブとの）は、元となった両種よりも毒性が強いことが確認されている。しかしながら、既知のハブ抗毒血清が効くことが分かっており（通常よりも多くの量が必要ではある）、治療に問題はないと思われる。なお、奄美群島および沖縄諸島に分布するユウダ科のガラスヒバァの毒性はよく分かっていないが、ハブよりも強い可能性がある。

　日本国内の陸棲ヘビ類において最も危険な毒蛇がハブであることは違いな

いが、どの種類が最も強い毒性を持つかということに関しては諸説ある。本州、四国、九州などに分布しているユウダ科のヤマカガシは比較的強い毒性を持つ（LD50=5.3mg /kg）。これはニホンマムシの約3倍、ハブの約10倍の強さである。余談であるが、ヤマカガシが有毒種であると科学文献に紹介されたのは1974年であり（有毒という情報は少なくとも1930年代からあった）、現在までに少なくとも34例の咬傷被害があり、そのうち4例の死亡例がある。今後研究が進めばワモンベニヘビ属やヒバカリ属などでも強毒種が見つかるかもしれない。

Ⅰ－7．天敵

　ハブは奄美群島・沖縄諸島における生態系の上位に位置する中枢種（キーストーン種）である。生態系において比較的少ない生物量でありながら、生態系へ多大な影響を与える生物種であり、天敵は多くない。ハブにとって最大の天敵は人間に他ならない。その他、ハブを捕食する動物として知られているのは、同種であるハブ（共食い）、アカマタ、ヒメハブ、イノシシ、フイリマングース（少なくとも1例の記録がある）、ハシブトガラス *Corvus macrorhynchos*、コウノトリ *Ciconia boyciana*、そして猛禽類などである。これらの多くはハブを好んで捕食しているわけではなく、襲われるのは生後間もない幼蛇であることが多い。

　リュウキュウヤマガメ *Geoemyda japonica* やトビズムカデ *Scolopendra subspinipes multilans* が路上や側溝でハブを捕食していたという観察例もあるが、単にロード・キルに遭ったハブの死体を食べていた可能性も高い。しかしながら、トビズムカデに関してはリュウキュウアオヘビやサキシママダラの幼蛇を捕食していた例がある。

　造網性のクモ類もヘビを捕食することがある。例として、南アフリカに産するチャイロゴケグモ *Latrodectus cinctus* などはイエヘビ科 *Lamprophiidae* などを捕食することが知られている。南西諸島以南に生息するオオジョロウグモ *Nephila pilipes* は日本最大の造網性のクモであり、時にはトカゲや鳥類まで捕食することがあるため、ハブの幼蛇も捕食されているかもしれない。また、

確実な記録ではないが、モクズガニ Eriocheir japonica がハブの幼蛇を捕食していたという目撃例もある。

　アカマタはハブの天敵として古くから知られており、"アカマタのいる場所にはハブはいない" などの俗信があるが、事実ではない。アカマタが多い地域では同様にハブも多く、アカマタも自身より大きなサイズのハブに気付くと逃げることが多い。また、ヒメハブがハブの幼蛇を捕食していた珍しい例もある。与那国島に分布するヨナグニシュウダ Elaphe carinata yonaguniensis と八重山諸島に分布するサキシマスジオ Orthriophis taeniurus schmackeri がハブを補食するという説もあるが、与那国島に毒蛇は分布しておらず（与那国島の毒蛇はヨナグニシュウダに食い尽くされたという俗信もある）、八重山諸島にもハブは分布していない。しかしながら、飼育下の実験においてヨナグニシュウダがハブを捕食したという興味深い観察例はある。

　一部の猛禽類はハブを含む爬虫類を常食としている。沖縄でもタカ科 Accipitridae のサシバ Butastur indicus の渡ってくる時期と、ハブの幼蛇の発生時期（10月頃）が重なっており、サシバがそれを好んで捕食するため、ハブの幼蛇を "鷹の昆布巻き" と呼ぶことがある（捕食されている幼蛇が鷹の肢に巻き付くことがあるため）。また、ヤンバルクイナも自身の倍ほどもあるリュウキュウアオヘビ（58cm）を捕食した例が知られているので、ハブも捕食されている可能性はある。

　南西諸島にはニホンイノシシ Sus scrofa leucomystax の固有亜種であるリュウキュウイノシシ Sus scrofa riukiuanus が分布しており、これもハブを捕食することが分かっている。生態的な特徴はイノシシと同じであるが、ニホンイノシシ（体長約100cm～170cm、体重約80kg～190kg）と比較するとかなり小さく、体長約90cm～100cm、体重約20kg～70kg程度である（島により差異がある）。リュウキュウイノシシがどのようにしてハブを捕食するのか、詳しいことは分かっていないが、ハブの攻撃を全く意に介さず、ハブを振り回すように（もしくは前脚で押さえつけるようにして）食べていた、などといった目撃例は少なくない。なお、イエネコやイエイヌ Canis lupus familiaris がハブを捕食していたという報告もあるが、これは単にハブの死体を食べていた可能性が高い。イエネコやイエイヌがハブに咬まれ重症化して死亡した例もある。

　非常に特異な例ではあるが、奄美大島においてハブ調査のため研究用ラット（Rat：ドブネズミの白化型改良品種。シロネズミとも）を入れた罠の中にハブが掛かったが、罠の中でラットがハブの頭部をかじり、捕食していたという記録がある。

第Ⅱ章
ハブと人間と外来種

　ハブとはどこから来たのか？　いかにして我々はハブと出会い、どのような対応をしてきたのか？　第Ⅱ章ではハブの歴史および人間が持ち込んだ外来種でハブと関連のあるものについて、生物学および博物学的な側面から紹介する。

Ⅱ－1．ハブの年譜

　ハブに関する主な出来事を以下の年譜に述べるが、いくつかの事象については不明な部分が多く、文献資料および研究者によっては意見が異なる場合がある。

　150万年以上前：ハブの祖先型がその他多くの動物と共に、陸橋伝いに中国大陸や台湾から渡来した。
　100万年以上前：地殻変動が起こり南西諸島の形成が始まる。
　3万〜2万年前：南西諸島が形成され、人間が渡来。
　1000年前：琉球の歴史が始まる。そして正確な移入時期は不明であるが、船舶による交易と同時期、後にハブの主要な餌となるクマネズミとドブネズミが持ち込まれる。これらの移入によりハブの個体数は増加した可能性が高い。
　1429年：450年間続いた琉球国時代、南西諸島の各地においてハブが神格化されていた記録がある。
　1737年：首里城では夜間に火を灯すことが許されなかったが、城内でハブの被害が続出したため、尚敬王（1700-1751。琉球第2尚氏王朝第13代国王）

は夜間に照明を持って巡回することを許可した。また、尚敬王は京の内（首里城内の場所）の密林を通る時報係には、ハブから足を守るための皮靴を支給したともいわれている。

1861年：Edward Hallowell によりハブが学術的に記載される。

1865年〜1870年：薩摩藩によるハブの買い上げが始まる。1匹につき玄米1升、卵1個につき玄米3合が褒賞として与えられるようになった。ハブ対策の時代が始まる。

1876年：公費によるハブの買い上げを再開。

1880年：ハブ1匹につき米1升、卵1個につき米5合の褒賞となる。

1883年：ハブ1匹につき10銭。卵1個につき5銭。初めて金銭と交換されるようになる。

1891年：ハブ狩りを行い、殺したものを条件に酒1升の褒賞となる。

1901年：大阪石神私立伝染病研究所にてハブ抗毒素（血清）の研究が始まる。奄美大島にも"ハブ毒採集所"が設立された。

1904年：国立伝染病研究所にてハブ抗毒素療法が成功する。

1905年：奄美大島と沖縄本島にて抗毒素が初めて使用される。

1910年：渡瀬庄三郎（1862-1929）により、クマネズミ、ハブの天敵としてインドよりフイリマングースが持ち込まれ、後に沖縄本島、渡名喜島に導入される。

1921年：日本の台湾領有時代、台北に台湾総督府中央研究所を設立し、第二次大戦終了時まで、ハブを含む東南アジアの毒蛇に関する研究を陸軍軍医学校が進めていた。

1927年：昭和天皇が奄美大島に行幸された際、「ハブは交尾後、どれくらいの期間で産卵するのか？」と尋ねられたが、当時は誰も答えることができなった。

1929年〜1932年：1932年までに本土よりイタチ *Mustela itatsi* が奄美大島や徳之島、喜界島などにハブとクマネズミの天敵として持ち込まれるが、ハブの生息していない喜界島など以外では短期間で絶滅。これはハブの攻撃・捕食による可能性が高い。

1930年：奄美大島における過去20年間のハブ咬傷の治療経験に基づく『飯

匙蛇咬傷の予防法及び救急療法に就いて』（伊東順七著）が出版される。

　1931年：ハブ１匹につき20銭の褒賞となる。

　1941年：熊本税務監督局より奄美大島にハブ酒製造のため醸造所許可指令が下りるが、太平洋戦争開戦のため中止となる。

　1945年：沖縄戦が始まり、島民のみならず、米兵にもハブ咬傷の被害記録がある。後の米軍統治時代はハブの卵の買い上げは行わず、ハブ１匹につきＢ円（Ｂ型軍票）の褒賞となる。

　1948年：名護病院構内にて採毒のためのハブ飼育小屋が設置される。

　1949年：ハブ１匹につき100円の褒賞となる。奄美大島に駐留米軍によって少数のフイリマングースが導入されたという情報がある。

　1950年：沖縄本島中部で捕獲されたフイリマングース25匹が渡嘉敷島に放される。

　1950年〜1956年：沖縄本島中部で捕獲されたフイリマングースが国頭村奥、大宜味村、名護市に放される。

　1954年：奄美大島にて『ハブ捕獲組合』が結成され、ハブの買い取りを開始。当時は１匹につき150円だったが、段階的に引き上げられることになる。

　1958年：国頭村にてスジオナメメラ *Orthriophis taeniura* によく似た大きな蛇が捕獲されたという記録がある。後に骨格標本にされたそうだが、詳細不明。

　1959年：琉球衛生研究所でハブ対策事業開始。東大伝染病研究所にてハブ毒解毒剤EDTAを開発し、常温保存が可能な凍結乾燥血清に成功（血清、ワクチンの分野では世界初）。ハブの年間捕獲数が２万5000匹に達する。

　1960年：ハブの採毒事業が始まる。

　1962年：長崎大学で開催された第４回日本熱帯医学学会でハブ毒に対する予防（後のハブトキソイド）が可能であることが紹介される。

　1964年〜1966年：奄美大島名瀬市保健所にて殺蛇剤の実験が行われ、BHC（ベンゼンヘキサクロリド）、DDT（ジクロロジフェニルトリクロロエタン）、マラソン、ダイアジン、有機塩素剤が野外に散布されたが、無害な他の動物や近隣河川の魚類にも被害が出たため1966年には中止された。

　1965年：世界初の毒蛇咬傷に対する予防対策であるハブトキソイド接種が

始まる。奄美大島、沖縄本島で行われた第1回予防接種には5600人が希望参加した。

　1966年：琉球衛生研究所ハブ支所が竣工する。東京で第11回太平洋学術会議が開催され、ハブの咬傷被害が紹介される。

　1967年：沖縄県におけるハブおよびサキシマハブによる年間の咬傷件数が549件に達する（ハブ389件、サキシマハブ160件）。記録上では過去50年で最多の年となる。

　1968年：『鹿児島県明治百年記念式典』において、皇太子（現・上皇陛下）ご夫妻が名瀬保健所を見学された。皇太子殿下は「（ハブが）徳之島に多い理由はなぜでしょうか」「（ハブの多様な色彩は）遺伝子の変異によるものでしょうか」のほか「"飯匙倩"の由来は」などを尋ねられ、妃殿下は採毒を見学された後に「事故のないよう、お祈りいたします」とお言葉をかけられた。

　1969年：衛生研究所製の治療用乾燥ハブ抗毒素第一号が国家検定に合格。

　1970年：イスラエルで開催された第2回World Congress on Animal Plant and Microbial Toxinでハブトキソイドが発表される。

　1971年：5年後に開催が予定されている沖縄国際海洋博覧会に向けて、会場周辺（国頭村本部町）にてハブの駆除が開始される。

　1972年：沖縄が本土に復帰し、本年度から1990年代前半にかけて、ハブ酒などの製品とマングースとの決闘ショー、もしくは観光施設での観賞用に用いるため、タイワンスジオ Orthriophis taeniurus friesi、タイワンハブなどが台湾および中国から輸入された。後にタイワンハブは日本国内に初めて定着した外来の毒蛇となる。また、同様の目的で八重山諸島からサキシマハブおよびサキシマスジオが糸満市などに移入される。

　1973年：ハブ生態研究施設が竣工し、ハブを含む毒蛇の長期飼育実験が開始される。水納島にてハブ駆除予備実験が開始される。

　1974年：蛇食性を持つ南米産のムスラナ属 Clelia がハブの天敵として導入が検討されるが、実現はしなかった。また北米産のキングヘビ属 Lampropeltis も検討されたが、こちらも実現はしなかった。

　1975年：ハブ防除費として60万円の予算が計上される。沖縄国際海洋博覧会が開催される。

1976年：糸満市の観光施設より約100匹のサキシマハブが盗まれ、後に放逐される。

1977年：ハブ駆除対策国庫補助事業開始。生息密度調査や疫学調査、駆除実験の本格化が始まる。

1978年：恩納村にてスジオナメラの目撃例が相次ぐ。この頃にはすでにタイワンスジオが帰化していた可能性が高いが、当時は外来種なのか国内外来種のサキシマスジオなのか、よく分かっていなかった（新種・未記載種の可能性が検討されたこともあった）。詳細は不明であるが、沖縄県にて初めてのタイコブラによる咬傷が報告される。徳之島の伊仙町において、ハブ駆除のため自衛隊が火器により野原を焼き、ハブ撲滅対策協議会が同町において結成される。

1979年：詳細は不明であるが、沖縄本島で捕獲されたフイリマングース30匹が奄美大島の名瀬付近に放たれる。

1980年：マングースとの決闘ショーに用いるため、タイコブラおよびタイワンコブラの輸入が始まる。毒蛇咬傷の治療に関する国際セミナーが那覇市にて開催される。

1981年：サキシマハブ抗毒素が完成。塩化カリウムの経口投与による殺蛇作用を確認。ハブ捕り器の基本型が試作される。那覇市および西原町におけるハブ生息実態調査報告書が提出される。

1982年：免疫動物を馬から山羊に変えたハブ山羊抗毒素の研究が始まる。防除目的のための誘引・忌避薬剤の研究も始まる。広報用映画『ハブに咬まれないために』が作成される。佐敷町におけるハブ生息実態調査報告書が提出される。沖縄本島における初めてのサキシマハブ咬傷が報告される。

1983年：ハブ侵入防止ネットが考案される。ハブ探索犬の訓練が開始される。南風原町および宜野座村におけるハブ生息実態調査報告書が提出される。

1984年：与那原町、北中城村および大里村におけるハブ生息実態調査報告書が提出される。

1985年：浦添市よりハブ対策基礎調査報告書が提出される。

1986年：ハブ咬傷予防用防具が開発される。金城町および豊見城村におけるハブ生息実態調査報告書が提出される。

1987年：琉球衛生研究所ハブ支所が大里村に移転。浦添市が『ハブによる被害の防止及びあき地の雑草等の除去に関する条例』を施行。後にこれを『ハブ条例』として施行する市町村が増加する。中城村におけるハブ生息実態調査報告書が提出される。

1990年：鹿児島県におけるハブ買い取り金額が最高の1匹5000円になる。嘉手納町の米軍基地内にてミナミオオガシラが発見される。

1991年：沖縄県ハブ対策事業基本計画と沖縄県ハブ対策連絡協議会運営要綱が施行。

1992年：市町村へハブ捕り器の貸し出しが開始される。広報用映画『ハブの被害をなくすために』が作成される。名護市にて初めてハブの交雑個体（ハブとタイワンハブ）が確認される。宜野湾市にてハブとミナミオオガシラの防除に関する国際セミナーが開催される。

1993年：奄美大島においてマングースによる農作物や養鶏の被害が続出したため、マングースの生態調査が開始される。

1993年～1994年：名護市および今帰仁村にてタイコブラが7匹発見される。しかし、その後の発見例はなく、定着はしなかったと考えられる。

1994年：馬抗毒素に過敏反応を示す患者のための、ハブ山羊抗毒素の試験薬が完成。

1995年：遺伝子組み換え技術を用いたヒト型抗毒素研究が開始される。

1996年：名護市周辺で抱卵したタイワンハブや幼蛇が発見され、定着が確認される。

1998年：奄美群島におけるハブ買い上げ数が2万7000匹に達する。

1999年：動物の愛護及び管理に関する法律（動物愛護管理法）の制定。

2000年：動物愛護管理法が施行され、ハブ対マングースの決闘ショーが各地で中止される。沖縄本島、奄美大島においてマングースの駆除事業が開始される。

2001年：環境省によりマングース根絶を目的とした防除事業が開始される。沖縄県におけるハブおよびサキシマハブの年間の咬傷被害数が97件、初めて100件以下となる。

2002年：名護市にてタイワンハブの高密度化が確認される。後に分布域の

拡大が始まる。沖縄本島北部におけるマングース駆除事業開始。奄美大島におけるハブトキソイドの接種が廃止となる。

2003年：糸満市にてサキシマハブの高密度化が確認される。名護市にて外来ハブの駆除が始まる。

2004年：沖縄県ハブ対策事業基本計画と沖縄県ハブ対策連絡協議会が運営要綱を改定する。

2005年：鹿児島県によるハブ買い取り金額が4000円に値下げされる。沖縄本島において初めてタイワンハブ咬傷が2件報告される。外来生物法が施行され、特定外来生物（タイワンハブ、タイワンスジオ、ミナミオオガシラなどを含む）の移動、保管、運搬などには国の許可が必要となる。ハブ駆除用の三角誘導トラップが市販される。ハブ忌避剤としての油類（灯油など）の使用方法が公表される。奄美大島において自然保護官事務所がマングース捕獲専門の"マングースバスターズ"を結成し、山中に罠を3万個設置。

2006年：動物愛護管理法が改正され、特定動物（ハブ、サキシマハブなどを含む）の飼育や保管などには県の許可が必要となる。

2007年：サキシマハブ、タイワンハブの侵入防止用フェンスの最低高などが発表される。

2011年：沖縄本島にてタイワンスジオの買い上げを開始（1匹1万円、200匹まで）。恩納村で補殺されたハブが全長242cmと過去最大記録となる。奄美大島における1年間のハブ買い上げ数が3万8886匹となり、行政財政を圧迫する。

2012年：沖縄本島にてタイワンスジオの買い上げを再開（1匹5000円、200匹まで）。ハブ対策用具の販売価格が改定される。

2013年：宮古島でサキシマハブが発見される。船舶の荷物などに紛れ込み、非意図的に持ち込まれた可能性が高い。

2014年：奄美大島におけるハブ咬傷数が統計上最少（1954年以降）の33件となるが、加計呂麻島にてハブ咬傷による死亡事故（51歳／男性）が起こる。奄美群島においては2004年以来10年ぶり。

2015年：鹿児島県によるハブ買い取り金額が3000円に値下げされる。9月、名桜大学と愛媛大学研究グループが2013年〜2014年にかけて沖縄本島南部、

浦添市周辺で捕獲されたハブ12匹の脂肪組織から、有害物質であるPCB（ポリ塩化ビフェニル）や、毒性が高く日本国内では使用が禁止されている農薬、DDTが高濃度で蓄積されていることを明らかにした。

2016年：3月31日に那覇市内で「トイレにハブがいる」との通報があり、署員が現場確認したところ、アフリカ原産のボールニシキヘビ *Python regius* であることが分かった。11月26日にハブに咬まれ、沖縄県立中部病院に搬送された男性（42）に運動障害が残り、男性は原因を医療ミス（血清使用の遅れ）として、2017年9月に県を提訴した（判決は2019年6月11日に那覇地裁であり、医師の注意義務違反を認め、県に約2800万円の支払いを命じた）。

2017年：3月に沖縄県名護市のハブ捕り職人の男性（60）が出荷するまでの間、自宅でハブを保管していたことが判明、動物愛護管理法上の無許可飼育に当たるとして、警視庁に逮捕され、県内のハブ捕り職人の間で困惑が広がった。8月2日が一般社団法人日本記念日協会より"ハブの日"として認定された。8月25日に沖縄県糸満市にて全身が白色のヘビが発見される。おそらくアメリカ合衆国原産のセイブネズミヘビの改良品種（商品名ピュアホワイトラットスネーク・レッドアイ）であろう。9月2日に粟国島の再生処理施設にてハブ（10cm、雌）が発見され、同年10月13日にはハブの幼蛇（53.5cm）も発見された。しかしながら、2日に発見された個体は性成熟とみなされる120cmに達しておらず、産卵時期（6月〜7月）とも外れており、これらに関連はないと思われる。しかしながら、11月29日には3匹目のハブ（90.5cm、雌）が発見され、沖縄県衛生薬課は捕獲器を30個設置。10月には沖縄科学技術大学院大学（OIST）と沖縄県衛生環境研究所がサキシマハブとタイワンハブを初めてゲノム解析することに成功。12月に名護市がタイワンハブの急増（5年で10倍超）に対する注意喚起を行った。

2018年：6月18日に粟国島にて4匹目のハブ（全長72cm、雄）が発見され、11月にも5匹目が発見された。県はハブが見つかった場所を中心に島全域に捕獲器を60個設置し、調査を開始。7月には九州大学生体防除医学研究所らは奄美大島産のハブよりゲノムDNAと、18種の臓器・組織よりRNAを抽出。これらを超並列シークエンサで解析し、約10億本のDNA断片データを取得。奄美大島におけるマングースの捕獲数が1匹のみとなり、『根絶間近』と報道

された。環境省は2022年度末の根絶を目指すと発表。名護市内におけるタイワンハブの捕獲数が931匹となる。

2019年：3月19日、ハブが約30年間見つかっていなかった名護市大川にて約85cmのタイワンハブが発見される。4月〜5月の名護市内におけるタイワンハブの捕獲数が計154匹となり、市の担当者は「一概に分布を広めているとは言い切れないが、さらなる対策が必要である」と述べ、捕獲器を新たに180個追加すると発表。4月に粟国島にて6匹目のハブ（全長116.5cm、体重258g、雄。生後2年〜3年と推測される）が発見され、続く5月にも7匹目（全長54.4cm、体重20.9g、雌。生後1年程度と推測される）が発見される。

Ⅱ−2．ハブの起源

ヘビ類はいつ発生したのか、これは多くの謎に包まれている。一般には化石が科学的根拠となるのだが、ヘビ類の骨格は無数の小さな骨で成り立っているので、完全な形の化石として残されることがほとんどない。それ故、ヘビの進化については憶測の部分が多いと言わざるを得ない。

ヘビ類の祖先はトカゲであると考えられている。ある種のトカゲから分化し、進化を重ねてヘビ類になったと考えられる。ヘビ類の祖先として主な候補に挙げられているのは半水棲で地中でも多くの時間を過ごすミミナシオオトカゲ科 Lanthanoidae（ボルネオ島にボルネオミミナシオオトカゲ *Lantanotus borneensis* 1種のみ現存）や、海生のオオトカゲ下目 Platynota を先祖とするモササウルス科 Mosasauridae、アイギアロサウルス科 Aigialosauridae、ドリコサウルス科 Dolichosauridae（3種共に絶滅種）である。他にもヤモリ下目のヒレアシトカゲ科 Pygopodidae（オーストラリア区に限定されてはいるが、最も繁栄している四肢をもたないトカゲ）などが近いとする説もある。ちなみに、ミミズトカゲ亜目 Amphisbaenia をヘビの姉妹群とする説もある。

ヘビ類の祖先の生活様式についても、水生棲、地上棲、半地中棲などの仮説があり、現在も議論が続いているが、一般的に最も受け入れられているのは半地中棲であったという説であろう。ヘビ類は進化の初期段階において、地面に空いた穴などを利用する半地中棲となり、その後、二次的に地上に戻っ

ていったというものである。半地中棲になることにより、ヘビ類の祖先は動きやすいように胴部が伸長し、邪魔な四肢を消失させていった。同時に視覚が弱まり、嗅覚が鋭くなったが、地上に戻った際には再度、視覚を発達させたと考えられている。事実、ヘビ類の眼は一度退化した後に、二次的に発達してきたことを示す特徴がある（網膜の視細胞の形態や網膜のピントを合わせる方法が他の脊椎動物とは異なっている）。また、ヘビ類は舌を出して匂いを嗅ぐヤコブソン器官が発達しているが、これもヘビ類の進化の初期段階において視覚よりも嗅覚を用いていた時期があったからであろうと推察される（現在でもほぼ完全な地中棲種はメクラヘビ科やパイプヘビ科 Cylindrophidae の一部に存在する）。ちなみに、前述したミミズトカゲ類は地中に残り続け、視覚は退化し四肢を消失させたが（フタアシミミズトカゲ科 Bipedidae 1属4種のみ前肢を持つ。なお、マダガスカルに産するトカゲ科 Scincidae のニンギョトカゲ属 Sirenoscinus も地中性であり、後肢は失われているが小さな前肢を持つ）、鋭い嗅覚と掘削道具としての強靭な頭骨や頸部の筋肉などを手に入れ、完全な地中生活者となった。

　ヘビの発生は中生代の三畳紀、およそ２億4000万年前といわれているが、正確な時期は分かっていない（近年もヘビの祖先型と思われる化石が時折発見され、年代が前後している）。地上に出てきたヘビは四肢を失っていたが、それは不利にはならなかったようだ。四肢を持たないということは、逆にいえば四肢を持つ動物にはできないトリッキーな動きが可能になったといえる。ヘビは地面を素早く移動し、木に登り、水に泳ぎ、ついにはその長い胴部で獲物を絞め殺すという技まで手に入れ、優れた捕食者として多様に進化を進めることができた。そして、それらの中から唾液腺を変化させ、後に毒と毒牙を持った毒蛇に進化したとされるが、実際のところ無毒のヘビからどのような理由で毒蛇が生まれたのか、詳しいことは分かっていない。捕食のためであるとも、特殊な環境下で進化を遂げた結果ともいわれている。毒蛇が現れたのは6000万年前の暁新世頃とも、2000万年前の中新生頃ともいわれている。正確な時期は分からないが、毒蛇の仲間は爬虫類全体から見ても比較的新しいタイプであるといえよう。

　ナミヘビ科やコブラ科など、各グループの毒蛇の毒牙の位置が異なるのは、

それぞれのグループが別々に進化してきたためだと考えられていた。初めに現れた毒蛇はコブラ科で、後に折り畳み式で完全な毒牙（管牙）を備えたクサリヘビ科が生まれたとされていた。なお、海生コブラであるウミヘビ亜科は地上に生息していたコブラ科が水生となり、後に海生になったと考えられていた（その逆、つまり海蛇が陸に上がってきたという説もあり、それを否定する科学的根拠もない）。

　しかしながら、近年の研究により、どの種類においても毒牙は上顎の後方に生じ、上顎の前方に毒牙を持つ前牙類（クサリヘビ科、コブラ科など）は成長の過程で前方に移動していることが分かった。また、上顎にある歯の形成層の後方部分が他の部分より分離し、毒腺と結合して毒牙を発達させていることも分かっている。これは、毒牙が発生したのは6000万年以上前の一度だけであり、そこから様々な系統において毒のシステムが発達したことを示唆している。

　毒蛇発祥の地は東南アジアとも、アフリカ大陸ともいわれているが、はっきりしたことは分からない。しかしながら、毒蛇の移動に関しては多少分かっていることがある。現存する毒蛇のアジアにおける分布を見てみると、マレー半島、スマトラ島、ジャワ島、ボルネオ島などには同じ種の毒蛇の分布が見られる。陸棲のヘビも泳ぐことはできるが、海を渡って繁栄するとは考えられないので、おそらく過去これらの島々が陸続きであった頃（第四期のウルム氷期、約７万〜１万年前）に分布を広げたのであろう。事実、シャム湾やマラッカ海峡の水深は際立って浅い。さらに、これらの地域で採集されたあらゆる毒蛇の毒を免疫学的に調べてみると類似点が多い。これは彼らが分岐してからそう時間が経っていないことを示している。ニューギニアとオーストラリアの毒蛇に同じ種類が多いのも、同様の理由である。

　ちなみに、アメリカ大陸の毒蛇も、かつてベーリング海峡が陸続きであった頃（おそらく1000万〜400万年前）ユーラシア大陸から移動したのであろう（その時代のベーリング陸橋は温暖な気候であったと考えられている）。現にアメリカ大陸にはアジアと同じマムシ科の毒蛇が多く、形態的にもよく似ている。アメリカハブ属もアジアハブ属と類似点が多い。しかし、アフリカ大陸のクサリヘビ科とはかなり異なるのである。

南西諸島に生息するハブの祖先も大陸と陸橋化していた時代に渡来したのであろうが、その正確な時期は解明されていない（約190万年前の新第三紀鮮新世後期から、約1万年前の第四紀更新世末まで、少なくとも3回は大陸との陸繋期があったと考えられる）。しかしながら、現存する南西諸島のハブ類の多くが独自の進化を遂げた固有種であることを考えると、かなり古い時代に大陸から切り離されたと推察される。少なくとも150万年前には琉球列島に現存するヘビ類の祖先型が存在していたようである。洞穴堆積物や浅海堆積物より発見された化石より、更新世にはすでにナミヘビ科のアオヘビ属 *Cyclophiops* やマダラヘビ属、ハブ属が琉球列島に定着していたことが分かっており、後期更新世（12万〜1万年前）においては現在のヘビ類相とさほど変わっていなかった（宮古島からのみ、現生のヘビ類とは明らかに異なった化石が多数確認されている）。なお、後期更新世のヘビ類の椎骨化石は現生のそれに対応する分類群の椎骨に比べて大きく、この時代に生息していたヘビ類が全体的に現生種に比べて大型であったことが分かっている。

　近年の分子系統学的解析によれば、慶良間海裂（ケラマギャップ）を挟んで分布する要素のうち、中琉球（吐噶喇列島の一部、奄美群島、沖縄諸島）に分布するハブ、トカラハブの単系統群と、南琉球（宮古諸島、八重山諸島）や台湾に生息するサキシマハブ、タイワンハブの単系統群は姉妹関係になく、ハブ、トカラハブは現在バングラデシュから中国南西部に生息するナノハナハブに最も近縁なことが分かった。これにより、以下の事象が発生したと推察される。

1）ハブ、トカラハブ、ナノハナハブの共通祖先が、サキシマハブ、タイワンハブの共通祖先と大陸内で分岐する。
2）ハブ、トカラハブ、ナノハナハブの共通祖先が中琉球に到達する。
3）慶良間海裂が形成される。
4）サキシマハブ、タイワンハブの共通祖先が南琉球に到達する。これと前後して、南琉球や台湾、大陸東岸からハブ、トカラハブ、ナノハナハブの系統が消滅する。

　これらが正しいとするならば、ハブ、トカラハブの単系統群が遺存的な状態にあるということになる。なお、中琉球に分布する両生類や爬虫類はハブ属以外も独特であり、近縁種を求めると南琉球より大陸に分布しているものが多い（イボイモリ属 *Echinotriton* やトカゲモドキ属 *Goniurosaurus* など）。しかしながら、2016年に琉球大学と熱帯生物圏研究センターがヒバカリ属の遺伝子を解析した結果、南琉球に属する宮古島に分布するミヤコヒバァは、中琉球に広く分布するガラスヒバァに非常に近縁であり、その遺伝的な違いは奄美群島と沖縄諸島のガラスヒバァ同士よりも小さいことが分かった。この結果は、南西諸島に多くの固有種が見られる背景には、従来考えられていたように島嶼化による固有化という要因だけでなく、南琉球の動物相は、台湾と中琉球の双方からの侵入を受けながら形成されたことを示唆している。

　現在も南西諸島における地学、生物地理学における見解は研究者によって大きく異なっており、今後の研究が期待されている分野である。

Ⅱ－3．分布の特異性

　ハブの分布について初めて記録したのは伊地知貞馨（1826-1887。明治時代の官僚）であり、その著である『沖縄志』には「大島徳之島此害殊ニ甚シ　伊良部喜界ノ島ニ飯匙倩ヲ産セス」とある。また、地質学者である脇水鉄五郎（1867-1942）も慶良間群島におけるハブの分布について「ハブは渡嘉敷島および阿嘉島に産して慶留間に産せずということは甚だ奇なり」と述べている（実際には阿嘉島にハブは産しない）。

　このように、ハブの分布は"飛び石的"であるとよくいわれる。これは沖縄本島の西方にある伊平屋島にはいるが、隣の伊是名島にはいない、またその隣の伊江島にはいるが、その隣の粟国島にはいない、といった例がみられるからだ。しかしながら、沖縄本島の東方に並ぶ伊計島・宮城島・平安座島・藪地島などには揃って分布している。これらハブの特異な分布については、いくつかの説がある。中には科学的根拠のない突飛なものもあるが、簡単に紹介したい。

1）燐鉱を産する島にはハブは生息しない。

　波照間島・与論島・北大東島および沖大東島は燐鉱を産しているためハブがいない、というものであるが、琉球列島全島を調査してみれば、燐鉱の産否とは関係がない（例：久米島など）。

2）硫黄を産する島にはハブは生息しない。

　沖縄群島ではハブの忌避剤として硫黄、もしくはその化合物を撒く、もしくは燃焼させることが、かつては普通に行われていた。しかしながら、硫黄臭をハブ（他のヘビ類においても）が嫌う性質はない。事実、硫黄泉の存在する小宝島にはトカラハブが生息している。

3）ハブの生息していない島に、ハブが漂着することがあっても、海岸の砂浜で死ぬ。

　この口承も広く信じられており、旧藩時代においてハブの生息していない久高島・粟国島の浜砂が沖縄本島に搬入されたという記録があるが、ハブが特定の島の浜砂を忌避するということはない。しかしながら、ヘビ類が暑熱に対して抵抗性が弱いのは事実である。従って、砂浜の幅が広ければ途中で死ぬことになる。

4）ハブの棲む島、いない島には餌や天敵が関係している

　動物相の中でヘビの分布と直接の関係となるのが餌と天敵である。一般に食性の広い種類は分布域も広いのが普通であるが、種類によってはそれらに左右されないものも存在する。ハブの好物はネズミであるが、ネズミの生息していない水納島にもハブは生息している（水納島のハブは爬虫類や鳥類を捕食している）。また、水納島には流水はなく、ハブの棲み家となるような石垣や岩窟もほとんどない。周辺のアダン *Pandanus odoratissimus* 林だけが唯一の棲み家である。動物相も豊富とはいえない。すなわち、ハブは比較的植物相、動物相の貧弱な島でも生存が可能であり、餌の論点から見るならば、琉球列島のほとんどの島でハブは生息可能といえる。ハブの主な天敵としてイノシシや猛禽類があるが、これらの天敵によって生息密度は低減しても、完

全に絶滅させるということは困難である。

　他に、奄美大島の枝手久島が奄美群島におけるハブ発祥の地という説話がある。旧藩時代に薩摩藩からの要請で琉球王がハブを献上しようとしたが、船が嵐で遭難し、ハブを入れた琉球焼の壺は枝手久島に漂着した。これが繁殖して各島に広まったというものであるが、当然ながら島嶼相互の距離からしてあり得ない。ハブを含む動物が無意識に人力により移動されることは実際にあるが、非常に稀である。なお、黒島や儀布志島など元来、人の移住したことのない島嶼にもハブは産するので、ハブの分布が人為的なものではないことは明らかである。しかしながら、現在ハブがいない島々に今後ハブが定着できないという科学的根拠もない。ハブに限らず、野生動物の人為的な移動は大きな危険性を秘めていることは言うまでもない。

　ハブの特異な分布の原因は、琉球列島の間氷期の海進と地殻変動が原因であろうという説（海水氾濫一掃説）が有力である。かつての氷河期、南西諸島が台湾、中国大陸と陸続きであった時代（いまだ正確な時期は解明されていない）、ヘビ類は陸橋沿いに分布を広げることができた。ハブと類縁の仲間（サキシマハブ、トカラハブ）は比較的標高の高い山々に生息したと考えられる。それ以外の毒蛇（ヒメハブやヒャンなど）は山の中腹あたりに、ナミヘビ科やユウダ科はさらに低い山麓に生息していたのであろう。しかしながら、吐噶喇海峡は当時すでに存在していたため、これを越えて分布を北に広げることはできなかった。

　数万年後、海水面が上昇して低い陸地を浸食するようになり、低い島々は水没してしまう。この時、標高の低い島々に生息していたヘビたちはその他の陸上生物と共に絶滅してしまった。個々の島々が形成された時に生き残った毒蛇は吐噶喇列島にトカラハブ、奄美大島にハブ、ヒメハブ、ヒャン、徳之島や久米島などにハブとヒメハブ、伊是名島や前島などにヒメハブとヒャン、石垣島や西表島などにサキシマハブとイワサキワモンベニヘビがいたと考えられる。

　さらに何万年か経過して海水面が下がると、低平な島々も再度姿を現し、標高の低い場所に生息していたナミヘビ科やユウダ科は、再び陸続きとなっ

た島々に分布を広げたが、山間部に生息していた毒蛇の仲間は平地に移動することはなかった。その後、再び海水面が上昇した。この時は島を水没させるほどではなかったものの、低地は海に沈んでしまった。結果として、ナミヘビ科やユウダ科は喜界島・沖永良部島・与論島・粟国島・波照間島・宮古群島・与那国島などに隔離されることとなる（これらの理由で、宮古島には固有のナミヘビ科やユウダ科が存在し、現在は生息していないがハブの化石は出土する）。余談であるが、海外の文献では宮古島がハブ、もしくはサキシマハブの生息地と記述されている場合があるが、実際は産しない。

　その数万年後、大きな地殻変動が発生して海岸線が後退し、いくつかの島々はまたしても陸橋によってつながることになった。大きな地形の変動と共に気候も激変し、それまでは山の中腹から出てこなかった毒蛇たちも移動するようになった。まずはヒメハブとヒャンがいくつかの島に渡り、後になってハブもそれに続いたと思われる。それ故、一部の島には先に移動をはじめたヒメハブは生息しているが、ハブはいない。しかしながら、古宇利島、与勝諸島などには、後から移動をしたはずのハブは生息しているが、ヒメハブはいない。これは何らかの理由（ハブとの競合など）によってヒメハブが絶滅してしまったからだと考えられる。

　様々な謎は残されているが、ハブの特異な分布は実に数十万年に及ぶ創世の結果であり、南西諸島の成り立ちを考える上で、ハブは極めて重要な存在である。

Ⅱ－4．人間の渡来

　南西諸島にいつ、どこから人間が渡来したのか。これらは日本の人類史における大きなテーマの一つであるが、詳しいことはいまだ解明されていない。
　沖縄本島の山下町第一洞穴遺跡からは化石人骨（山下洞人）が出土しており、調査の結果、約3万2000年前のものであった。また、宮古島のピンザアブ洞穴からも約2万6000年前の化石人骨（ピンザアブ洞人）が確認されていることから、琉球列島には約3万～1万年前の更新世に人類が存在していたことは明らかである。しかしながら、これら旧石器時代の人類は現在の人類

の祖先ではない可能性が近年の研究により判明しつつある。また、東南アジアや台湾などに由来する『南方系』という説もあったが、これらも否定されつつある。

　琉球大学大学院医学研究科が沖縄本島・八重山・宮古の各地方から約350人のDNAを採集し、遺伝子情報を広範に分析した結果、台湾や大陸に直接の遺伝的なつながりはなく、日本本土に由来すると発表した。さらに八重山諸島の人々の祖先がいつごろ沖縄諸島から移住したのか検証したところ、数百年から数千年と推定され、1万年以上遡ることはないとの結論に至った。この説が正しいとすれば、旧石器時代の人類はどうなったのであろう。日本本土から縄文人が渡来した時には、すでに絶滅していたのだろうか。それとも生存競争に負けて駆逐されたのか。もしくは両者は共存し、次第に混じり合っていったのかもしれない。南西諸島への人類の渡来は何度も、北からも南からも繰り返し行われた可能性もある。いまだ多くの謎が残されており、南西諸島は今後も人類史研究の重要なフィールドであり続けるだろう。

Ⅱ－5．共存の時代

　約1000年前、琉球の歴史が始まり1429年には琉球王国が興る。琉球のヘビ類が初めて記録されたのは1479年であり、李氏朝鮮第9代国王成宗（1457－1495）の『成宗大王実録』の中に記されているが、種名や生態などは記されていない。続いて、陳侃（生没年未詳。尚清の冊封正使）も1534年に沖縄および奄美大島のヘビ類について記録しているが、これも前者と同様に名称や形態、生態については全くふれられておらず、ハブに関する記述が登場するのは18世紀になってからである。しかしながら、ハブはその文化に大きな影響を与えたに違いない。人間の接近を許さず、感情の理解も交流も拒むハブは畏れられ、一部の地域では神格化されていった。

　例として、かつてハブには人間の善悪を見抜く力があると信じられていた。争い事が起これば関係者たちを車座にした中にハブを放ち、咬まれた者に咎（とが）があるとされた。神祭りにおいても“ノロ”（祝女。南西諸島における琉球神道の女性祭祀）と呼ばれる女神官がハブを這わせた手を差し延べ、もしも身

持ちの悪い女がいればハブは咬みついたが、貞淑な女は咬まれることはなかったという。これはハブのみならず他の毒蛇でも同様であり、久高島ではエラブウミヘビを神聖視し、ノロと外間祝女（ホカマノロ）、久高根人（ニンチュ）以外は、これを捕ることが禁じられていた。石垣島では“ツカサ”（司）と呼ばれる女神官たちがサキシマハブを手に這わせ、心の善しあしを定めたとされる。

　奄美大島におけるハブの古称の一つである“アヤナギ”のアヤは“美しい”、ナギは“長いもの”という意味である。山師の間でも入山の際、“トウトガナシ”と唱える習わしがある。トウトガナシとは“尊い神様”という意味であり、山師はこの言葉を唱えながら森へ入っていけばハブに咬まれないと信じていた。同様のハブ除けの呪文は南西諸島各地に数多く伝えられている。また、沖縄ではハブに咬まれることを“山病み”、奄美では“山風会い”と呼び、咬まれた者は“毒人（げっちゅ）”と呼ばれ、神職に就いている者はその職を退かねばならなかった。久米島など周辺の島々でもハブに咬まれた死人は神が見捨てた者（もしくは前世や過去に悪事を働いた者）であるから、家屋の内部に入れないという古風な習慣があった。同様に、奄美群島におけるハブ発祥の地としての伝説を持つ枝手久島でもハブは神聖視され、傷つけることは禁忌とされていた。

　ハブは身近な神であり、忌み嫌われると同時に畏れ、崇められた存在であったことがうかがえる。南西諸島には民話や伝説の類が1万以上あるが、ハブに関するものも少なくない。中には翼を持ったハブが空から舞い降り、天の神に禁忌とされていた赤い実を人間に食べさせて罰を受けさせるという“創世記”に酷似した伝説や、ハブを助けた若者が恩返しを受けたり、ハブが人間に変化して女性をだますという御伽噺のようなものもあるが、死や負の運命を暗示するものも少なくない。すぐ身近に自分たちを苦しめ、死に至らしめる存在があるというのは、便利な近代社会に住む我々が忘れつつある世界である。その恐怖からハブに関する様々な民話・伝説が生まれたのは想像に難くない。単に対抗のしようがなかったとも言えなくもないが、19世紀末まではハブと人間の共存の時代が続いた。

Ⅱ－6．ネズミの侵入、人間との軋轢

　ハブは南西諸島における生態系の頂点的存在である。人類が渡来する遥か昔から生息していた。有史以前は個体数も特に多いというわけではなかったと思われる（一般的に生態的地位が高い動物は個体数や生産量が減少する傾向にある）。それでも強烈な毒性と高い攻撃性を持つハブであるから、古代の人類も恐れて原生林の奥深くまで開拓しようとは思わなかっただろう。しかし、その後の船舶による交易と同時期、クマネズミとドブネズミ、そしてハツカネズミおよびオキナワハツカネズミ（和名にオキナワとついているが、国外では中国南部からマレー半島、スマトラ島、台湾などに生息しており、本種も移入種であると考えられている。しかしながら、他の地域のオキナワハツカネズミと遺伝的に差があることから、古い時代に導入されたと考えられる）が持ち込まれてしまったことにより、状況は変化した可能性がある。南西諸島に在来のネズミは多くないが、それらはハブに対する対抗手段を持っている。例えば、トゲネズミ属*Tokudaia*はハブの攻撃をかわす跳躍力が確認されており、ケナガネズミは高度な樹上生活能力を持っている（1966年の奄美大島における調査では、餌としてハブの胃内に確認された哺乳類796例のうち、トゲネズミは3例、ケナガネズミは9例だけであった）。また、これらは一般的なネズミに比べ、ハブの毒に対する抵抗性を持つことも確認されている。これは古来、ハブと共に進化した結果であろう。つまり、ハブにとってもこれらの動物は容易に捕食できる相手ではなかったと考えられる。それに対し、外来のネズミは有効な手段を持たない。しかしながら繁殖力だけは旺盛であるため、ハブの格好の餌動物となってしまった（奄美大島など一部の地域におけるハブの餌の8割がこのクマネズミとドブネズミという報告もある）。さらに、これらのネズミを求めてハブは農場や人家付近に進出するようになる。結果としてハブの個体数は増加し、人間との軋轢が増加した可能性がある。一例として、奥端島と水納島は地形がよく似ている。1949年～1951年にかけて、奥端島（クマネズミとドブネズミが生息している）におけるハブの出没率が著しく、咬傷被害も多くなった。しかしながら、ネズミの生息

していない水納島ではこの現象は見られなかった（水納島のハブは爬虫類や鳥類を常食としている）。また奥端島は戦時中から戦後（1943年〜1947年）にかけて、ネズミの駆除がほとんど行われていなかった。ネズミの有無によって異なる現象が見られたという興味深い例である。

　小宝島にも本来、ネズミは生息しておらず、トカラハブの咬傷はごく稀であり、目撃される頻度も少なかったという。現在見られるネズミは第二次世界大戦中（1944年）に沿岸で難破した軍船から侵入して定着した。その結果、トカラハブは大型化し、餌を求めて人家近くに進出しはじめ、人間への被害が増えたといわれている。余談であるが、一部文献には島民はトカラハブを全く恐れていないという記述が見られるが、これは事実ではない（島のガイドブックには注意書きがあり、島の各地には注意を促す看板なども設置されている）。

　クマネズミとドブネズミは時として大発生し、穀物の食害や感染症（ペスト、ツツガムシ病、レプトスピラ症、ワイル病など）を流行させることがある。古代エジプトでは死の象徴であり、中世のヨーロッパでは悪魔の化身とされていた時代もあった。多岐にわたる自然研究の業績から『万学の祖』と呼ばれる古代の博物学者Aristotelēs（前384-前322）もネズミが大発生して農作物に多大な被害をもたらすことについて「普通のネズミがどうして発生し、死滅するのか説明できない」と記述している。ネズミによる被害は世界各地で報告されているが、近代以前の南西諸島では大きな被害の記録がない（17世紀ごろから被害の記録はあるが、諸外国に比べれば軽微である）。これはハブの存在が大きいと考えられている。ハブが存在することによって諸外国のように大発生することができず、在来種や自然植生、農作物への被害が比較的軽微に抑えられたのだろう（19世紀頃から被害は大きくなるが、これは別項にて述べる）。

Ⅱ－7．ハブ対策と環境攪乱の時代が始まる

　450年間続いた琉球王国は1879年に幕を閉じることになるが、その末期には事実上、明治政府の支配下にあった。明治政府は近代化への政策を強化し、

生活や開拓の障害となるハブに対して大掛かりな駆除対策を展開するようになる。ここからハブ対策の時代が始まったといえる。しかし、それは同時に環境を攪乱し、多くの野生動物を脅威にさらすこととなる。

　1865年、公費によるハブの買い上げ（1匹につき玄米1升）が行われるようになった。初めのうちは集まりが悪かったようだが、8年後の1873年には玄米60石が費やされ、約8000匹が撲殺された。しかし、ハブによる咬傷が減ることはなかったので、段階的に値上げされることになる。その結果、町中におけるハブの咬傷は少なくなっていった。この頃には、すでにハブを捕まえる"名人"がいたという。明治政府の推奨する富国強兵の名の下、奄美群島・沖縄諸島に住む人々の間にハブに対する畏敬の念は遠くなり、むしろ憎しみが生まれたのかもしれない。しかも、殺せば褒賞まで出る。永年ハブの恐怖に耐え続けてきた人々の心を鑑みれば、致し方のないことなのかもしれないが、ハブは瞬く間に神の座から転落してしまった。そして、それは特に沖縄本島で顕著であった（奄美群島は元来、ハブに対する神聖視感が沖縄諸島よりも強い傾向がある）。

　その後、ハブの捕獲数は年々増加し、ハブ捕り業を本業とする者も増加。ハブの個体数が多いといわれている渡名喜島には比嘉筆助なるハブ捕り名人がいて、45年間で5000匹以上駆除したといわれている。事実なら年間およそ100匹以上捕獲している計算になる。さらには産卵間近な個体を見分け、産卵後に親個体を売り、卵を孵化させて二重の利益を得る者も現れ、ハブの卵の仲介人まで現れた。しかし、ハブ駆除が進むと同時に新たな問題が発生することになる。ネズミによる被害が深刻なものとなってきたのだ（前述した外来のクマネズミとドブネズミ、そしてハツカネズミの仲間である）。これらの対応策として注目されたのが、マングースであった。

Ⅱ－8．マングースの導入

　ハブとマングース。一般にこの二つは同時に連想されることが多い。そして、マングースはハブ駆除の目的で導入されたと思われているようだが、第一の目的はネズミの駆除であり、ハブの駆除は副次的なものであった。当時

の沖縄ではクマネズミ駆除は大きな課題であり、農事奨励の一環として年に2回、大規模な駆除作業が行われていたほどである。さらにマングースが増えた暁には毛皮を利用する計画もあった。

　マングースの導入を提唱したのは、東京帝国大学・動物学研究室の渡瀬庄三郎である。当時、農薬など薬剤を使わずに天敵となる動物を導入する、いわゆる生物学的防除は革新的なものとされており、地元紙もマングースを"期待の星"として大々的に宣伝した。余談であるが、"マングース"という名称が当時はなかなか浸透せず、一般には"ハカセ（博士）"や"マン"、"マン君"、"マン公"、"ネコイタチ"などという俗名で呼ばれていた。以下に当時の新聞記事をいくつか紹介する（一部判読不可の部分があり、□で示す）。

◆1909年（明治42年）3月17日『沖縄毎日新聞』
　渡瀬教授の来沖／15日5時発：東京大学教授渡瀬庄三郎学術取調の為鹿児島県沖縄に出張

◆1909年（明治42年）4月8日『沖縄毎日新聞』
　渡瀬博士の来県について：渡瀬博士の来県に就ては世間には蛍研究の為と言觸らす向きもあれど勿論博士は蛍研究学者の泰斗と仰がれ世界至る所に於て研究をなしたる人なれど今回来県の目的は只管飯匙蛇研究にある由にて其の退治方法は印度のコブラント（ハブ）即ち本県のハブよりも害毒の劇甚なるもの及びマングースと称する鼬に似た性質の極敏捷なる獣なるが□はハブ及び野鼠を撲滅するに至極重宝なるものにて熱帯地方当りにては右の方法を持ってハブ類を退治しおる由なれば本県に於ても此の方法を模倣し野鼠抔を退治せんとの目論見にて目下調査中のよしなるが調査の結果に依りては初前記の動物を県下離島に於て試み漸次本島に及ぼす考案なりとなり

◆1910年（明治43年）1月19日『琉球新報』
　マングースの移入／野鼠及ハブを駆除す：東京帝国理科大学教授理学博士渡瀬正三郎氏はマングース移入の為め先月22日横浜出航の丹後丸にて英領印度へ赴きたるが同獣は野鼠を駆除するものなれば今回之を日本に移入して野

鼠の駆除を行はんとするものなるが又一面には飯匙蛇を駆除し得るに付き其試験を本県に於て行ふの計画なりとて此程博士より三四月頃同獣を齎して帰朝し第一着に本県に持ち来りて其試験を為すべしとの旨日比知事へ来□ありたり

◆1910年（明治43年）4月12日『沖縄毎日新聞』
　渡瀬博士の消息：飯匙蛇退治に特効あるマングース捕獲の為印度へ渡航したる同博士は過日鹿児島へ来着したる由なるが今回携帯し来りたるマングースは栗鼠に酷似せる小獣にて都合29疋程持ち来りたる由にて長さ七八寸位の野生のものなれど近□は余程人に馴れ身体も大に発育したなり

◆1910年（明治43年）4月13日『琉球新報』
　渡瀬博士来県：理学博士渡瀬庄三郎氏は大工廻技師同行マングース29頭を齎らし本日平壌丸の便にて来県の筈
　両博士の歓迎会：今回来県の玉利渡瀬博士の為め明14日午後6時より風月樓にて歓迎会を催す由

◆1910年（明治43年）4月16日『沖縄毎日新聞』
　マングース試験／好結果なり：昨日午前10時より南陽館前県立農事試験場内に於てマングースの鼠及びハブの補殺試験を行へり試験場は一室を硝子障子にて張り詰め四辺を囲むと同時に一般の観覧に供へたるも定刻前より各官庁員及び一般人の参観人多数押し掛け雑鬧を極めぬ　先ず一般にマングース一頭を放入したるに網籠中より放されしこととて右蒐けたるマングース先む飛ぶが如くに抱き付きたると思□もあらせず鼠は一度二度身慄はたるののみにして絶命せしめたるは有□に急所を外さぬマングースなり　続いて一頭のハブ包を携へたるハブ採り先生戸を押して□れり先生はハブを食い相な顔して風呂敷包を広げれば中よりハブ一頭を生ける□に取出し首を足指に挟んで針糸に操れる糸を切放し手にて蛇首を捉げて打放せばハブは長き□を輪にグルリと巻きて頭を後身にしてイザ好敵と身構ひたり　マングースは其れとも知れず後より寄り付けば茲□と計りにハブは躍り上がるや機敏なるマングー

スは体をヒラリと落ち述べば不意に遭られたため疵鼻上をハブは刺されたる
は気の毒これより同勢二疋のマン先生の援兵と放ちしも其程の活動は見ずハ
ブ師をしてハブの位置に転換せしめしも蛇は終に壁の利を□りて一角に□し
マングース容易に近づくべからず午後０時迄何のことなく莚を引上げさらに
県庁会議室に一室を仕つらへ再試験に着手したり午後１時例の如く著手マン
グースを３疋籠中より取出すやハブは亦勢良げき身構へり小いと思ひしマン
グース今迄周囲に走り狂ひしがハブを目懸るや否や十分隙もあらせず天の如
くハブの後頭飛び付して輾轉蠢くや否や流石のハブも身を慄はし體を長く動
しむるのみ同時に他のマングースも飛び付き尾を食ふやら體を無二無三に肉
に食ひ着き頭は食ひ切って腹中に納め飯を食ふが如くに補殺したりこれを見
たる渡瀬博士今迄片唾を呑んで結果奈何れと手に汗を握り居りしか□般の結
果に際して拍手愉快を叫べり有繁は学者丈又結果の是否に任せる博士の熱心
の程想遣られて□かし後其状況を撮影して此亦第二回の実験に取懸る筈なり

◆1910年（明治43年）５月12日『沖縄毎日新聞』
　マン君の保護通牒：□に東京帝国大学理科大学教授渡瀬庄三郎氏が印度よ
り輸入し来りたるマングースは一見鼬に類似し農作物の害物たる鼠及び人命
に危害及ぼす飯匙蛇等を常食とするより本県にも各地方にこれを放育し置け
る訳なるが其の巣穴を造営する迄では所々方々へ流転して爲めに人目に触れ
易きより人民或は之を鼠と誤り或は見慣れぬ奇獣なるより捕獲し又は撲殺す
る等於いても度々警告し置きしが此度県農業試験場には□りにマングースを
撲殺せざる様各郡区役所に通牒したり

　マングースは４月13日に沖縄本島に到着し、渡瀬庄三郎の歓迎会には多く
の民間人や県当局関係者が出席し、感謝の意を述べたという。４月15日に行
われた実験には当時の県事務官、各係長、係員、那覇区長、県会議員、郡区
役所員、玉利喜造（1856-1931。農学博士。大正11年勅撰貴族院議員）の他、
老若男女が多数参観していたらしく、関心の高さをうかがい知ることができ
る。また５月12日の沖縄毎日新聞からはマングースを手厚く保護しようとい

う県当局の強い意志も感じられる。

　渡瀬庄三郎はマングースがネズミなどを捕食するだけでなく、原産国ではフードコブラ属を攻撃して捕食するという事例を知り、南西諸島における生物農薬としての活用を考えついたのであろう。しかしながら、マングースによる生態系撹乱を懸念する声は、海外では当時からあったようだ。

　ハワイやフィジー、西インド諸島はかつて西洋列強の国々によって支配されていた。支配者たちは原生林を切り開いて、サトウキビなどの農作物を持ち込み、生産・収穫を行っていた。しかし、農作物と同時に非意図的にネズミ類も侵入させてしまう。これらの地域にはハブのような捕食者がほとんど存在しなかったため、ネズミは短期間で適応、増殖して農作物へ大きな被害を与えるようになった。そこで経営者たちは1870年〜1900年にかけて、各地にマングースを導入することにしたのである（最初に導入されたのはジャマイカ。1872年に9匹のマングースが持ち込まれた）。結果としてネズミの数は減少したが、それは一時的なものであった。むしろマングースによる農作物や養鶏場への被害がネズミによる被害と重なるようになり、1890年に駆除が開始され、1900年代初頭にはマングース類の輸入禁止が決定された。

　これら諸外国の例は渡瀬庄三郎も知っていたと思われるが、どういうわけか予備調査や実験はほとんど行われず（前述の関係者を集めてハブとマングースを檻の中で闘わせ、マングースが勝利したという程度の記録しかない）、1910年にインドのガンジス川河口、三角州付近で捕獲されたマングースが日本に持ち込まれたのである。余談であるが、瀬渡庄三郎は後の1918年にウシガエルを、1927年にアメリカザリガニ *Procambarus clarkii* を本土に導入した人物でもある。現在、ウシガエルは特定外来生物に指定されており、アメリカザリガニは要注意外来生物に指定されている（ただし、いくつかの都道府県では移植が禁止されている）。渡瀬庄三郎は生物地理学と応用動物学の専門家であり、天然記念物保護法制定にも貢献した人物であったが、当時は日本が富国強兵を唱え、あらゆる学問は国力増強に貢献することが求められていた時代であり、生態リスク（生態系の健全性や多様性が人間の活動によって損なわれるリスク）という概念も知見もなかったのかもしれない。

　渡瀬庄三郎によって持ちこまれたマングースは計29匹（36匹という説もあ

る）で、配置は次の通りであった。沖縄県立農事試験場４匹（雄雌各２匹）、首里城４匹（雄雌各２匹）、農商務省沖縄糖業改良事業局４匹（雄雌各２匹）、農業試験場５匹（詳細不明）、沖縄県立農学校４匹（後にハブとの対戦で全て死亡）、渡名喜島４匹（雄雌各２匹）、東京大学４匹（詳細不明）。結果として、実際に放逐されたマングースは20匹前後であったと思われる（17匹という説もある）。後の1945年頃には名護市付近でも確認されるようになり、以降は沖縄本島中部で捕獲されたマングースを北部へ導入するようになった。1951年に島の北端である国頭村奥へ、1952年に大宜味村、1953年に名護、1956年には再び国頭村奥へ50匹～150匹あまりを導入している。しかしながら、後の調査で大宜味村、名護では生息が確認されたが、最も多く導入したはずの奥では確認できなかった。このことから森林地帯はマングースの生息には適していないと考えられていたが、近年では沖縄本島北部における目撃例や捕獲例が増加している。さらに1950年には渡嘉敷島へ、1979年には奄美大島へ導入されるが(1949年に駐留米軍により少数が導入されたという情報もある。また、徳之島への導入時には、一部市民から反対の意見もあったという)、幸いにも南西諸島においては沖縄本島、奄美大島以外では定着しなかった（原因はよく分かっていない。渡名喜島では1965年頃には見られなくなっていた）。そして、2009年には本土である鹿児島県喜入地区にてマングースが捕獲され（目撃例などは30年以上前からあった）、2012年には薩摩川内市高江町にて２例目の捕獲。2016年には南さつま市笠沙にて死亡個体を回収。本土への侵入経路は不明であるが、今後は分布が拡大していく可能性もある。

　日本に導入されたマングースの正確な種類は長らく不明であった。マングースの同定は難しく（外見の類似した種類が多い）、ハイイロマングース *Herpestes edwardsii* やインドトビイロマングース（別名チビオマングース）*Herpestes fuscus*、ジャワマングース *Herpestes javanicus* であるなど諸説混在していたが、近年の遺伝子解析によりエジプトマングース属 *Herpestes* のフイリマングースであることが判明した。マングース導入の結果を述べる前に、このフイリマングースについて簡単に説明したい。

　フイリマングース（別名コジャワマングース）。英名を Small Indian Mongoose。原産地はミャンマー、中国南部、バングラデシュ、ブータン、ネ

パール（タイプ標本地）、インド、パキスタン、アフガニスタン、イランであるが、西インド諸島、ハワイ、プエルトリコ、日本など各地に外来種として移入分布している。本種はかつてジャワマングースの亜種とされていたこともあったが、後に独立種となった。体色は黒褐色から黄褐色で、頭胴長は25cm～37cm。体重は0.3kg～1kgで雌の方が小型であり、属中でも小型種である。体形は細長く、四肢は短い。雌雄共に肛門付近に臭腺がある。農地から自然林、草地、海岸、砂漠、都市部まであらゆる環境で生活し、適温環境も10℃～40℃と幅広い。行動圏は2ha～18haで雄の方が広い行動圏を持つが、他の同程度の哺乳類に比べると行動圏は狭いといえる。雑食性で昆虫、哺乳類、爬虫類、果実まで幅広い食性を持つ。木に登ったり、自分で穴を掘ったりすることはなく、水を避ける傾向があり（水深5cm以上の水には積極的に入らない）、泳ぎもうまくないため定着した島から別の島へ自力で移動することはないと思われるが、近年では物資に紛れ込むなどの原因で非意図的な分布拡大が起きている（ハワイ諸島のカウアイ島やサモア独立国などで目撃例がある）。

　1月～9月に交尾し、妊娠期間は7週間程度。3月～11月に年2回出産し、一度に2匹～3匹の仔を産む。野性下での寿命は2年以下だが、飼育下では3年～4年生きる。性質は荒いが、幼獣から飼育すれば人慣れするといわれ、インドの一部の地域では猫や番犬代わりに飼育されていた記録がある。ネズミやヘビを駆除し、敷地内に見知らぬ人が侵入すると、鳥のような声で鳴いて飼い主に知らせるが、成熟して繁殖期になると野生にかえり、二度と戻ってくることはないという。原産地における個体数は少なくないようだが、インドでは国際条例であるワシントン条約（絶滅のおそれのある野生動植物の種の国際取引に関する条例）付属書Ⅲ該当種に挙げられており、中国でもレッドリスト（絶滅のおそれのある野生生物の種のリスト）において危急種に指定されている。

　沖縄本島と奄美大島に放されたフイリマングースは、ネズミやハブをほとんど食べず、どちらの天敵としても機能しなかった。結果としては失敗であったと言わざるを得ない。まずネズミであるが、樹上に逃避できるクマネズミにとって、地上性のフイリマングースは大した脅威にはならなかった。そし

てハブであるが、こちらもうまくいかなかった（2000年〜2001年にフイリマングース384匹の胃内容物を調査した結果、ハブは1匹のみという記録がある）。それどころか、自然下においては形勢逆転している可能性すらある。フイリマングースは昼行性であるが、夜行性の動物を捕食していることが分かっている。つまり、フイリマングースは活動時間が異なっていても、休息場を探知し、休んでいる獲物を襲うことができるということである。これはかなり有利な条件であるにもかかわらず、フイリマングースはハブを襲わない。しかしながら、アカマタやヒメハブなど他の夜行性のヘビ類は捕食していることが分かっている。これは単純に“大型で毒性の強いハブを、わざわざ危険を冒してまで襲わない”ということであろう。その結果、フイリマングースは、より捕食しやすい南西諸島の在来種を襲うようになる。それらの中にはイシカワガエル、イボイモリ、ヒャン、アカヒゲ *Erithacus komadori*、ヤンバルクイナ、ノグチゲラ *Sapheopipo noguchii*、アマミノクロウサギなどの希少種も含まれている。

　本来、マングース類は幅広い食性を持ち、確かに現地ではコブラ科を含める毒蛇も捕食する場合もあるが、特に好んで捕食しているわけではない。また、コブラ科の一部の種類は強い毒性を持ってはいるが、性質そのものはおとなしいものが多く、外敵に対してはまずは逃走するのが普通である。一般的によく知られているフードコブラ属 *Naja* は頸部を広げて威嚇し、相手がひるまない場合は上方から振り下ろすように攻撃を加えるが、その攻撃パターンは単純で隙が多い。さらに攻撃範囲も前方の180度に限定される。一方、ハブは威嚇も警告もせず、瞬時に長い射程距離を攻撃してくる。攻撃範囲はほぼ360度。その速度はコブラとは比較にならないほど素早く、さらには高度に発達したピット器官も備えており、狙いも正確である。

　マングース類は蛇毒に対する免疫があるという説もあるが、詳細は不明（ハブ毒の2つの主要毒性因子はその蛋白分子量の大きさなどにより出血因子HR-1と出血因子HR-2に分けられる。フイリマングースの血清中にはHR-1を中和する阻害物質が生得的にあることが知られているが、HR-2にはほとんど中和能力を持たない。他の動物に比べるとハブ毒の感受性は低いと思われるが、頭部、胸部を咬まれて、2分〜3分で麻痺状態となり、呼吸困難、局部

皮下出血、内臓出血を起こし5分〜10分で死した例がある）。また、ハブより
も毒性が弱く、毒量も少ないヒメハブに咬まれて短時間で死亡した例もある。
なお、一度ハブの咬傷を受けて回復したマングースは、その後ハブを忌避す
る傾向がある。1960年代には何らかの方法でフイリマングースにハブ毒に対
する免疫を付加できないかということが検討されたが、実現しなかった。

　ハブが野外でフイリマングースを捕食していたという目撃情報もある。ハ
ブは比較的大型の哺乳類（クビワオオコウモリ、イエネコ、カイウサギ等）
を捕食することから、フイリマングースを捕食している可能性は少なくない。
前述したように、フイリマングースは昼行性であり、夜間は行動が制限され
る可能性が高いが、ハブは夜行性に特化した捕食者であり、夜間に視覚が機
能せずとも鋭い嗅覚とピット器官で獲物を狙うことができる。マングース類
は性質が獰猛なため、ハブも好んで捕食はしないだろうが、自然下において
はハブが生態的優位に立っている可能性がある。

　"ハブ対マングースの決闘ショー"なるものが以前は頻繁に行われていた
が、2000年に動物愛護管理法が施行され、禁止された（現在もスライドショー
などで当時の決闘を紹介している施設はある）。この決闘ショーの中では、フ
イリマングースはハブを殺していたが、このショー自体かなり歪なものであ
る。このショーの舞台は明るくライトアップされ、限られた空間で行われて
いた。このような状況で夜行性のハブが本来の力を発揮できるはずもない。
また、ショーで利用されるフイリマングースはハブを殺すため、時間をかけ
て訓練された個体である。しかし、それでもハブがフイリマングースを殺し
てしまうことがあった。そういう場合はすぐに仕切りが下ろされ、ショーは
中止となる。この決闘ショーはエンターテインメントであり、観客は"悪者
のハブを殺す、勇敢なマングース"という設定で見に来ているのである。ま
た、時間をかけて育て上げたマングースがハブに殺されては大きな損失とな
る。そこで、あらかじめハブを氷につけて衰弱させる、毒牙を抜いておく、
といった処置が事前になされる場合もあった。

　さらに1970年代からは、条件に合うハブ（体に目立った傷がなく、ある程
度の大きさがあるもの）が不足したため、より小型で安価なサキシマハブや
タイワンハブなどが決闘に利用されることになる（これら外来のヘビについ

ては別項にて詳細を述べる）。余談であるが、訓練されたフイリマングースの勝率は約80％～90％といわれており、人馴れした個体ほど勝率は高かったという。人馴れしていない個体は見物人に対して警戒してしまい、その隙にハブに先手を取られてしまうことがあった。

　現在、フイリマングースは少なくとも世界の75の島々に定着しており（フィジー諸島には別種のインドトビイロマングースが定着）、在来種を脅かしている。また、生態系だけでなく、農作物への被害も大きい。さらには、人獣共通感染症を媒介するため（日本ではレプトスピラ症の原因となる病原性レプトスピラを媒介、また2005年には沖縄産のフイリマングースから世界で初めてE型肝炎ウイルスが採取された。西インド諸島では狂犬病等）、経済社会や人間の健康にも甚大な被害を与えている。

　現在のところ、フイリマングースの根絶はカリブ海の6島とアメリカ合衆国フロリダ州のドッジ島などで確認さており、生態系が回復しつつある。日本でも1993年に奄美大島の名瀬市が駆除に乗り出したのを皮切りに、各地の市町村で駆除事業が行われ始めた。1996年には環境省（当時は環境庁）と鹿児島県が「島嶼地域の移入種駆除・制御モデル事業」としてフイリマングースの生態や分布状況の調査が開始された（これが外来種対策を検討する日本初の試みである）。そして2005年にはフイリマングースは特定外来生物に指定され、移動、保管、運搬には国の許可が必要となった（国外においてもアメリカ合衆国やニュージーランド等はフイリマングースを輸入禁止種に指定している）。

　かつて南西諸島におけるフイリマングースの個体数は推定3万匹ともいわれていたが、駆除努力のかいあって、2017年の時点でCPUE［1000罠1日当たりの捕獲数］は沖縄本島北部地域では0.003、奄美大島では0.010まで減少した（ここまで辿り着くのに10年以上が経過し、予算は年間約3億円が費やされた）。

　最後に個人的な意見を述べることを許してほしい。ハブ対マングースの決闘ショーに批判が出始めた頃（1990年代）、一部の業者から「決闘ショーは大切な文化である」という意見を耳にしたことがあるが、フイリマングースは移入種であり、南西諸島の貴重な固有種を危険にさらしている。文化という

よりは、人間が招いた負の遺産であろう。そして、それは私たちの世代では清算できないほど大きな傷跡を残した。娯楽目的での動物を利用した殺し合いは、ハブとマングース双方に対する虐待であり、中止されてしかるべきものだと思う。人間が個人的感情を持つ以上、命の価値が皆同じなどということはあり得ないし、他の命を摘み取らずに生きていける動物もいない。しかし、娯楽目的で命を消費させるというのは教育的、文化的にもおぞましい行為ではないだろうか。

　外来種が全て有害かどうか、ということについては諸説ある。場合によっては生物多様性を豊かにするかも知れない。長い目で見れば、新たな生物進化を促す可能性すらある。しかしながら、南西諸島のような比較的小さな地域、さらにはすでに独自の生態系を構築しているような環境では、害の方が大きいといわざるを得ない。フイリマングースの根絶計画は最終局面を迎えているが、同時に、ここからが正念場であるともいえよう（防除の手を一時的にでも止めれば、低密度に抑えられていた個体群が一気に回復する可能性が高い）。人間が招いたことを人間が解決するのは当然のことであり、正常な生態系を維持することは、人類の未来をつなぐことと同じである。しかし、人間によって遠く離れた異国へと連れて来られ、人間の娯楽のため毒蛇と闘わされ、そして人間に駆除されるフイリマングースの運命は、あまりに哀しい。

Ⅱ－9．イタチの導入

　奄美大島にマングースが導入される以前、1929年〜1932年の4年間に本土からイタチが分かっているだけで2367匹（3000匹以上という説もある）、南西諸島各地へクマネズミとハブの天敵として持ち込まれた記録がある（その後も定期的に導入された可能性が高い。少なくとも枝手久島へは1954年と1957年に207匹。渡名喜島へは1970年に125匹が九州方面から移入されている）。しかし、こちらも想定外の事態に発展する。

　日本本土にはホンドオコジョ *Mustela erminea nippon*、ニホンイイズナ *Mustela nivalis namiyei*、ホンドテン *Martes melampus melampus*、ニホンアナグ

マ *Meles anakuma* などイタチ科 Mustelidae の哺乳類が多い。その中で最も普通に見られるのはイタチであり、ネズミの天敵として知られていた。そして、それに目を付けた林野庁は有益獣増殖所を建設してイタチ（種子島、屋久島に生息する亜種コイタチ *Mustela itatsi sho* も３割ほど含まれていたという説もある）を繁殖させ、自然分布していない各地へと導入した（サハリン、奄美大島、徳之島、喜界島、座間味島、北大東島、久米島、渡名喜島、伊江島、宮古島、石垣島、西表島など）。また、いくつかの島にはイタチのための水場も設置された（渡名喜島など）。

　当時、すでに一部の関係者はマングースの惨めな結果を知っており、外来種の危険性にも気が付いていた（1928年に出版された児童用の動物図鑑・石川千代松『日本児童文庫43　動物園』の中では、すでにマングースの沖縄導入の結果が芳しくないことや、農作物を食害することなどが記述されている）。そこから外国産が駄目ならば国産を使おう、という結論に到ったと推察される。マングースより小型のイタチ（頭胴長は雄約32cm、雌約20cm。体重は雄約450g、雌約150g）がハブに対抗できる可能性は少ないが、イタチがネズミを駆除することにより、ハブの食糧を絶てるのではないかと考えられていた。こうしてイタチは各島に導入されたが、座間味島や喜界島などハブの生息していない島以外では短期間（数年）で絶滅した。

　これはハブの攻撃・捕食による可能性が高い（ハブがイタチを捕食したという確実な記録は１例のみ徳之島で確認されている）。島嶼の在来種に移入種が駆逐されたという珍しい例である。なお、ハブの生息していない西表島にも1965年〜1967年にかけて183匹が導入されたが、こちらも短期間で絶滅した。これにはサキシマスジオ、サキシマハブが関係している可能性がある。そして、イタチ導入が失敗した奄美大島では後にマングースが導入されることになる。

　現在、イタチの生き残った地域では、マングースと同様にニワトリや農作物を食害するようになり、小動物を中心とした貴重な在来種（宮古島や伊良部島などではミヤコカナヘビ *Takydromus toyamai* など。本種は個体数が激減したため、2019年６月に沖縄県の天然記念物に指定された）に猛威を振るっている。

Ⅱ－10.　ハブの代用品にされたヘビたち

　先述した"ハブ対マングースの決闘ショー"は瞬く間に人気となり、奄美群島・沖縄諸島観光の目玉の一つとなった。1日に10回以上開催される施設も少なくなかったという。結果としてハブの取引価格は高騰し、ショーに使用できる良質なハブは業者の間でも品薄となり、窃盗事件にまで発展した例もある。同時に、ハブ酒やハブ皮の需要も高まった。そこでハブと類似した安価な種類を輸入して、間に合わせることになった。

　まず初めに移入されたのは八重山諸島に生息・分布していたサキシマハブであり、1972年〜1990年頃までに持ち込まれたが（詳細は不明だが、判明しているだけで2591匹）、後に中国南部と台湾に生息していたタイワンハブがとって代わることになる（判明しているだけで2万2447匹。タイワンハブは海外では食用、薬用に利用されるため、入手が比較的容易だったと思われる）。また、同時期にサキシマスジオも持ちこまれているが、後のタイワンスジオと混同されていたこともあり、詳細は不明である。

　タイワンハブの輸入は1973年〜1994年頃まで、中国と台湾経由で年間5000匹以上輸入されることもあった。これらは明らかにハブとは別種であるが、観客から見れば立派なハブである。さらにハブ粉、ハブ酒、革製品（ベルト）などが、外来種であることを明記されないまま製造されていた。そして、後にそれぞれの地域で交雑種が発見されることになる（糸満市ではハブとサキシマハブの交雑種。名護市ではハブとタイワンハブの交雑種が2017年までに6匹発見されている）。

　続いて輸入されたのは、大型のナミヘビであるタイワンスジオであった。正確な輸入時期は不明であるが1975年〜1982年頃と考えられており、台湾より輸入されていた（年間約1000匹という報告もあるが、詳細不明）。こちらも当初はフイリマングースとの決闘が予定されていたが、ナミヘビ科である本種はハブと異なり攻撃性が薄く、見た目に迫力がない。しかも本種は攻撃を受けると外敵に素早く巻き付き、強い力で締め上げてしまうのでフイリマングースを害する可能性がある（毒を用いるハブと異なり、本来、獲物を絞め

殺す性質がある）。これらを検討した結果、主に革製品として利用されることとなった。なお、ハブを漬けた酒、いわゆる"ハブ酒"（基礎は黒糖焼酎、泡盛、芋焼酎など）は現在も様々な種類で製造されている。これは漢方由来の薬酒の一種とされ、男性の精力向上効果があるといわれているが、科学的根拠はない。

1980年頃にはコブラ科のタイコブラとタイワンコブラ *Naja atra* が年間数千匹ほど輸入され（判明しているだけで4万1845匹の輸入申請数の記録が運輸省にあるが、実際はより多くの個体が輸入されていたと考えられる。主な輸出国はマレーシア、台湾）、もはやハブとは関係のない"コブラ対マングースの決闘ショー"が開催されるようになった。余談であるが、愛知県の『香嵐渓ヘビセンター』においてもコブラ対マングースの決闘ショーが開催されていた（1993年に閉鎖）。これら以外にもアミメニシキヘビ、ビルマニシキヘビ *Python molurus bivittatus* 等の目撃情報（施設内で展示されていた）もある。そして、後の1990年代にはタイコブラ、タイワンコブラは両種ともワシントン条約付属書II類該当種となり、国際取引が規制されることになった。これらの結果、サキシマハブが沖縄本島南部に、タイワンハブが中部に、タイワンスジオも中部に定着している。タイコブラは定着しなかったが、1993年～1994年に7匹が沖縄本島中部で発見されている。これは大きな騒動となり、これを機に外国産の毒蛇の取り扱いが自粛されるようになった。

それぞれの詳しい逃亡時期は不明であるが、サキシマハブは1976年には約100匹が糸満市の観光施設で盗難に遭い、後に放逐されている（直後に捜索されたが発見されず）。タイワンハブの野生化は1990年以前と考えられており、タイワンスジオは1970年代末には野外での捕獲例が相次いでいる。

人間への被害に関しては、1987年に沖縄本島で初めてサキシマハブ咬傷が発生し、2003年に糸満市で高密度化が確認され（1990年～2000年までの間に沖縄県衛生研究所に持ち込まれた数は500匹以上で、その後も数百匹が捕獲されている）、2010年には高密度地域における咬傷率はハブの17倍となった。タイワンハブは2002年に名護市にて高密度化が確認され、最初の咬傷例は2005年に発生した。以降は年に0件～2件の報告がある。しかしながら、強い攻撃性を持つタイワンハブは、20年後にはハブの咬傷被害を上回り、50年～200

年後には沖縄本島の全域で分布するようになるとの説もある。タイワンスジ
オは無毒であり人間への被害はないが、分布が拡大すれば希少動物などの減
少が懸念される。

　1990年には嘉手納町の米軍基地内にてミナミオオガシラが発見されている
が、定着はしなかったと考えられている（物資などに紛れて非意図的に持ち
込まれた可能性が高い）。余談であるが、1950年、アメリカ軍はマリアナ諸島
のグアム島に太平洋戦略基地を設けることを決定し、第二次世界大戦中に基
地のあったパプアニューギニアのアドミラルティ諸島から設備を移した際、
軍の船舶や航空機に紛れてミナミオオガシラがグアム島に侵入してしまった
と考えられている（おそらく1950年〜1952年の間と思われるが、詳しい産地
や侵入経路は不明な部分が多い）。ミナミオオガシラの原産地であるパプア
ニューギニアは多彩な爬虫類の宝庫であり、本種もその一つに過ぎない。し
かし、彼らは天敵のいない地域で大型化し（原産地では全長1ｍ〜2ｍであ
るが、グアム島では3ｍを超える個体が発見されている）、少なくとも7種の
鳥類を絶滅させ（グアム島の固有種を含む）、同島の生態系を破壊した。人間
の咬傷被害も多数記録されている。時には鳥を狙って電線に上り、大規模な
停電を引き起こすこともあった。事態を重く見た米国農務省（USDA）は2010
年にマウスの死体にアセトアミノフェン80mgを詰め、2枚の厚紙片を1.2ｍの
紙製リボンでつないだ“吊り具”と取り付けたものをグアム海軍基地周辺約
8haに200匹を空中散布するという計画を実行したが、この吊り具は木の枝
などに引っかけるのが目的である。地面まで落ちてしまうと対象外の生物が
誤って食べてしまう可能性があり、この方法では個体数を減らすことができ
ても根絶することはできないだろう。マウスを食べられるのは中型以上の成
体だけだからである。しかしながら、グアム島のミナミオオガシラの絶頂期
はすでに過ぎているという報告もある（1980年代の推定個体数は400万匹だっ
たが、現在はその半分以下と考えられている）。

　ミナミオオガシラの悪評は瞬く間に世界を駆け巡ったが、元はと言えば人
間が持ち込んだ物であり、ミナミオオガシラに責任があるわけではない。生
物として当然の営みを行っているに過ぎない。ミナミオオガシラは現在、
ウェーク島（北太平洋）、テニアン島（北マリアナ諸島）、ロタ島（北マリア

ナ諸島）、ディエゴガルシア島（インド洋地域チャゴス諸島）、ハワイ島（太平洋ハワイ諸島）、アメリカ合衆国本土のテキサス州などでも目撃報告がある。

　日本では2005年には外来生物法が施行され、タイワンハブ、タイワンスジオ、ミナミオオガシラなどは販売、移動、保管などが規制されることとなり、2006年には動物愛護管理法が改定され、ハブ、サキシマハブ、タイワンコブラなどの販売、飼育、運搬などに国の許可が必要となった。名護市では2003年より外来ハブの駆除を開始し、現在では今帰仁村、本部町、恩納村、読谷村、糸満村などでも駆除は進められているが、外来種が環境に与えた影響は大きい。

　時代の風潮もあったとは思うが、我々はマングースやウシガエル、アメリカザリガニ、その他数多くある過去の失敗から学ぶことができなかった。そして、その後もオオヒキガエル（中南米原産）のケースがあった。本種は1978年に南大東島からサトウキビの害虫駆除のため石垣島へ移入され、その後、波照間島にも導入された。本種の影響は野生動物にとどまらず、飲料水が汚染され家禽の大量死なども引き起こした。2000年以降は西表島でも確認されているが、定着は不明である。もう一つインドクジャク *Pavo cristatus*（インド、スリランカなどが原産）のケースもある。1979年に観賞用として小浜島に導入された。現在は宮古島、伊良部島、石垣島、黒島などに定着し、一部の地域で在来のトカゲ類などが激減している。こうして外来種を導入し続けることになる。

Ⅱ－11.　その他の関連生物

　マングースやイタチの他、ハブの天敵として導入が検討された動物が少なくともあと5種類ある。北米原産のコモンキングヘビ *Lampropeltis getula* と、中南米原産のムスラナ *Clelia clelia*、台湾産の食蛇亀、アフリカ大陸中部以南原産のヘビクイワシ *Sagittarius serpentarius*。そして、原生動物であるエントアメーバ科 Entamoebidae に分類される赤痢アメーバの一種、ヘビアメーバ *Entamoeba invadens* である。

　コモンキングヘビは北米原産で、最大約2m。ナミヘビ科に属する中型種であるが、原産地において有毒のガラガラヘビ属 *Crotalus* をも捕食することからキングの名前が冠せられている。1950年代、日本へ実験的に2匹が船便で来日する予定であったが、1匹が輸送中に死亡。残る1匹はまだ小さな個体でハブを飲めるほどではなかった（現在は愛玩用として欧米で繁殖された個体が流通しており、逃げ出したものが日本各地で発見されている）。

　ムスラナは中南米原産で、最大約2.5mに達する大型種。マイマイヘビ科に属しており、古くから蛇食種として知られていた。原産地ではクサリヘビ科の毒蛇（カイサカ *Bothrops atrox* 等）の天敵であり、ブラジルでは古来、大切にされていた（現在は繁殖個体が愛玩用として流通しているが、国際条約であるワシントン条約付属書Ⅱ類該当種であり、輸出入は規制されている）。このムスラナを大量繁殖させ、ハブの天敵として野外に放つことが検討された。余談であるが、1947年に東京のデパートで開催されたブラジル展において、ムスラナにニホンマムシを与えたところ難なく捕食（本来はハブを与える予定であったが、万が一を考慮してニホンマムシとなった）。日本側がムスラナをぜひ譲ってほしいと交渉したが難航し、最終的に岩国のシロヘビ（アオダイショウの白化個体）となら交換すると言われたが、岩国のシロヘビは当時すでに天然記念物（1924年指定）であったため断念した、という逸話がある。

　1965年頃、台湾に生息する食蛇龜なるものの導入計画があった。これは中国南部と台湾に生息するセマルハコガメの基亜種タイワンセマルハコガメ *Cuora flavomarginata flavomarginata* であろう。奄美大島にはウミガメ類を除くカメ類は本来、生息していないが、南西諸島各地にはカメがハブを食べるという説が古くから伝わっていた（中国、台湾にも同様の説がある）。実際に奄美大島ハブセンターではイシガメ科 Geomydidae に属するクサガメ *Mauremys reevesii*、イシガメ *Mauremys japonica*、ヤエヤマセマルハコガメ *Coura flavomarginata evelynae* にハブを与えていたという記録がある（野外でもカメがハブを食べていたという観察例はあるが、単にハブの死体を食べていた可能性もある）。

　ヘビクイワシはアフリカ大陸中部以南原産で、ヘビクイワシ科 Sagittariidae に属する単型（本種のみで一科一属一種を構成する。モノタイプとも）の特

異な猛禽類である。全長約150cm、体重2kg〜4kg、翼開張2mに達する。冠羽を耳に留めたペンに見立てて"書記官鳥（Secretary bird）"の別名もある。ヘビを専食しているわけではないが、野生下ではパフアダー（アフリカ大陸で最も被害の多い毒蛇の一つ）などを長く力強い後ろ脚で蹴り、弱らせてから捕食することが知られている。1955年頃、福岡動物園から、このヘビクイワシのつがいを沖縄に導入し、繁殖させるという計画があった（現在でも愛玩用としての流通はほとんどなく、日本国内では一部の動物園にて少数が飼育されているに過ぎない。ワシントン条約付属書Ⅱ類該当種）。また、鳥類では他にカモ科Anatidaeに属するアヒル *Anas platyrhynchos*（マガモの改良品種）やバリケン *Cairina moschata*（ノバリケンの改良品種。別名"観音アヒル"）がハブを嫌う（もしくは撃退する。それらの糞をハブが忌避する）という俗説が信じられ、一部で飼育されているが、科学的根拠はない。

　1953年、ロンドン動物園にて展示中のヘビの大量死が発生し、そこから分離、継続培養されたヘビアメーバを日本へ輸入し、1970年にハブ10匹に実験感染させ、9匹が33日〜49日の間に死亡したという記録がある。死亡したハブの半数以上の肝臓や大腸に病変が認められ、培養検査の結果、肝臓、小腸、大腸のいずれかからヘビアメーバを検出。ヘビアメーバがハブに致死的な病原性を持つことが確認された。また、1971年にはヒメハブ、アカマタ、リュウキュウアオヘビ、ガラスヒバァにも効果が認められた（当時はヘビ類だけに病害性を持つと考えられていたが、現在では一部のカメ類など、ヘビ以外の爬虫類も影響を受けることが分かっている）。このヘビアメーバを無毒蛇に感染させて野外に放ち、ハブに感染させるという計画が検討されたことがある。なお、ヘビアメーバは現在でも爬虫類アメーバ症の代表的な存在であり、近年でもヘビ類の大量死を引き起こしている。

　これらハブに対する生物的防除は、環境への影響を鑑みれば、現在では考えられないほど危険な方法であるが、当時はこれらが最先端の考え方とされていた。

　沖縄本島には、イノシシの糞の中にはハブの毒牙やヤマンギ（"山の棘"の意。チョウ目カレハガ科Lasiocampidaeのクヌギカレハ *Kunugia undans* の幼虫の俗称。形状や交尾器、刺状物の違いから、独立種イワサキカレハ *Kunigia iwasakii* とする場合もある）の毒針毛が混じっているので踏んではならない、という話が伝わっている。同様の理由で解体時に胃や腸を素手で触ってはいけない、というものもある。確かにイノシシはこれらの動物を餌としており、糞の中にハブの毒牙が混じっていることはあるが（クヌギカレハの毒針毛は未確認）、踏んだとて蛇毒の影響を受けることはない。恐らくは毒牙が刺さった傷口から他の有害菌や寄生虫が侵入することを恐れてのことであろう。ちなみに、イノシシはハブ駆除の役割を果たしてはいるが、同時に有害獣の代表的な存在でもある。

　奄美大島や徳之島では、アマミノクロウサギの巣穴にてハブが発見されることがある（成獣の巣穴。子育ては別の巣穴で行い、こちらは出入り口を親個体が塞ぐ）。奄美大島、宇検村に伝わる伝説では『人間に化けたハブが王の一人娘をだまそうとしたことが発覚してしまった。怒った王は兵を率いて山狩りをすることにしたが、長い耳で情報を盗み聞きした白ウサギが事前に知らせてくれたので、ハブは逃げることができた（後にウサギは人間により罰を受け、耳と足を切られ、窯墨を塗られて黒くなる）。その恩義に報いるため、ハブはウサギを傷つけることはなくなった』というものである。実際はハブがアマミノクロウサギの巣を一時的に利用しているに過ぎず、時にはハブに捕食されることもある。

　トカゲモドキ科 Eublepharidae のクロイワトカゲモドキ（リュウキュウトカゲモドキ）は有毒種と信じられ"ヂーハブ"や"アシハブ"などの俗称で呼ばれることがある。実際は無毒であり、ハブの餌動物の一つでもある。本種は1978年に種として沖縄県の天然記念物に、2003年に亜種であるオビトカゲモドキ *Goniurosaurus kuroiwae splendens* が鹿児島県の天然記念物に、そして2015年には本種と亜種4種が種の保存法（絶滅のおそれのある野生動植物の種の保存に関する法律：1993年施行）により国内希少動植物種に指定された。

　ウミヘビ亜科のセグロウミヘビ（ニシキウミヘビ）も"海ハブ"と呼ばれることがあり、ウミヘビの捕獲業者も本種を敬遠している。実際に本種は一般的な食用のウミヘビであるエラブウミヘビに比べて気性が荒く、強い毒性を持ち（LD50=0.067/kg）、肉にも毒性があるという説もあるが、科学的根拠に乏しい。確実ではないが、本種の咬傷が原因と思われる死亡例は古くから

記録がある（日本国内における正式なウミヘビ咬傷例は20例ほどであるが、死亡率は50％を超える）。余談であるが、日本近海ではおよそ9種のウミヘビ類がみられ、多くの種類は穏やかな性質であるが、セグロウミヘビ、マダラウミヘビ、クロガシラウミヘビ、クロボシウミヘビなどは攻撃性が高く、比較的危険な種類といえる。なお、トゲウミヘビも、ごく稀に日本近海に漂流してくることがあり、1例のみ邦人の死亡例があるとされるが、これは西イリアン沖でトロール漁法によるエビ捕り漁船上での咬傷例である。ウミヘビの被害は特にマレー半島やスマトラ島周辺に多い。これらの地域では"ウミヘビは海の精であり、殺したり傷つけたりすれば海難に遭う"という言い伝えがあり、漁師は網に絡まったウミヘビを殺さずに外して海に逃がすのだが、その時、必死に暴れるウミヘビに咬まれるからであろう。

　沖縄本島の北部では、全く無害なブラーミニメクラヘビも、かつては猛毒と信じられており、"ハブ"や"メクラハブ"、"メクハブ"、"ミックヮーハブ"、また、詳細は不明だが奄美大島でも"ムィムィズハブ"（ミミズを食べるハブの意）という俗称があった。

　宮古島と伊良部島に産するナミヘビ科のミヤコヒメヘビ *Calamaria pfefferi* にも"ズバブ"や"ズハブ"という俗称があるが、実際は地中性でミミズを捕食しており、全く無害である。同じくユウダ科のガラスヒバァもハブと間違われることがあり、実際にガラスヒバァに咬まれたのをハブと勘違いし、患者が動転して気を失った例もある（実際にガラスヒバァは後牙類の有毒種ではある）。

　石垣島と西表島に生息するコブラ科のイワサキワモンベニヘビには"フニンヌタマハブ"や"タカヌタマハブ"、"鷲の首飾り"などの俗称がある。フニンヌタマとはフニン（ミカンなど柑橘類）の熟果を貫いた飾り玉に由来し、タカヌタマとは寒露の季節（10月8日頃〜10月23日頃）に渡る鷹（サシバ）が途中に落とした首飾りであると例えたものである。事実、本種は赤珊瑚を思わせる美しい色彩で、サシバの渡る季節に発見例が多い。鷲の首飾りという俗称に関しては、同所に生息するカンムリワシ *Spilornis cheela* と何らかの関連があると思われる。

　"奄美の黒はぶ"なるものが徳之島地方に伝わっている。非常に珍しい種類

でヒャン（30cm〜60cm）よりも小さく、灰黒色で猛毒を持つという。正体は
タカチホヘビ科 Xenodematidae のアマミタカチホヘビと思われるが、詳細は
不明である。余談であるが、1900年に八重山諸島（石垣島？）にて一例のみ
マムシ属の採集記録があり、ヤエヤママムシとして記載されたことがある。
しかし、その後一切の記録がないことから、何らかの誤りであろうと思われ
る。また、奄美大島、沖縄諸島の民間ではヒメハブが俗に"マムシ"と称さ
れることがある。一部の地域ではヒメハブがハブの幼蛇であると信じられて
おり、実際にヒメハブに咬まれたのをハブに咬まれたものとして医療機関に
搬送された例もある。

　久米島にはハブよりも恐ろしい"ハイ馬倒サー"（駿馬を倒す、の意）が生
息しており、このヘビには「口で咬み付き、猛毒の尾で刺す」という言い伝
えがあるが、正体はハイ（ヒャンの亜種）であろう。コブラ科に分類される
本種は強い毒性を持つが、個体数が少ない上に半地中性傾向が強く、人目に
つかず性質もおとなしいため、実際の被害は知られていない。なお、本種を
含むワモンベニヘビ属は、捕まえられると尾の先端を押しつけるという奇妙
な防御方法をとる。徳之島などではこれを"ヒャンに刺される"といい、ヒャ
ンの尾には猛毒があるという俗信もあり、奄美大島などではヒャンに咬まれ
れば、山奥の波の音の聞こえない場所で甕に入り、下から火を焚かねば治ら
ないという俗説もある。しかしながら、ヒャンを見た日は縁起が良いともい
われ、縁談を進めれば必ず結ばれるといわれている。

　余談であるが、外来種であるタイワンハブとハブの交雑によって生まれた
巨大なハブや、タイコブラとハブが交雑して生まれた新型の毒蛇などが沖縄
本島の山奥に存在するなどという説もあるが、もちろんこれらは妄言であり、
語るに及ばない。

　琉球列島に広く分布しているキリギリス科 Tettigoniidae のタイワンクツワ
ムシ（ハネナガクツワムシ）Mecopoda elongata の鳴き声がハブの毒牙を研ぐ
音であるという俗信がある。また、衛生害虫であるオオムカデ属 Scolopendra
にも"ハブムカデ"の俗名がある。実際にムカデに咬まれたのをハブと勘違
いした例もあれば、就寝中の幼児がハブに咬まれたが、医師がムカデと誤診
してしまい、命を落としたという痛ましい事例もある。また、日本に生息す

るサシガメ科Reduviidaeで、唯一の脊椎動物からの吸血性を持つオオサシガメ *Triatoma rubrofasciata* による被害がハブ咬傷と間違えられたこともある。

　沖縄本島北部に分布する日本最大の甲虫類であるコガネムシ科Scarabaeidaeのヤンバルテナガコガネ *Cheirotonus jambar* は、1983年と比較的近年になって記載されている。大型で特徴的な本種の発見が遅れた理由には、生息環境の特異さとハブが関係していると考えられている。まず、ヤンバルテナガコガネの生息地はハブと重なっており、気楽に侵入することができない。また、大木の樹洞に潜むが、それはハブにとっても良い住処となる。いるかいないかも分からない昆虫を探すために、大木の樹洞に手を入れるようなまねは怖くてできなかった、ということであろう。

　南西諸島を含む、インド太平洋の珊瑚礁域に広く分布するイモガイ科Conidaeのアンボイナガイ *Conus (Gastridium) geographus* は強い神経毒を持つことから"ハブガイ"の俗称があり、日本国内では少なくとも8件の死亡例がある。しかしながら、イモガイ科は殻体が美しいため一部の愛好家が収集しているだけでなく、殻体を加工（彫刻など）し、民芸品としても広く利用されている。

　世界の亜熱帯海域～熱帯海域に分布するハブクラゲ属 *Chinonex* も強い毒を持つことから和名に"ハブ"を冠されている。日本国内では少なくともハブクラゲ *Chironex yamaguchii* による3件の死亡例が報告されているが、これら有毒海洋生物の被害は特定が難しく、報告されていない暗数が多数あると思われる。その他、詳細は不明だが、沖縄本島南部に分布しているナンバンマイマイ科Camaenidaeのシュリマイマイ *Satsuma mercatoria* には"ハブチンナン"の俗称がある（チンナンは沖縄方言におけるカタツムリ類の総称）。

　植物では、サトイモ科Araceaeのハブカズラ *Epipremnum pinnatum* はハブのように曲がりくねる蔓を樹上に見せることからこの和名が付けられた。また、古くから薬用（利尿、リウマチ、神経痛など）に利用されるレンプクソウ科Adoxaceaeの多年草であるタイワンソクズ *Sambucus chinensis* にも"ハブグサ"や"ハブヌワックワ"といった俗名があり、神事の際にノロがかぶる冠に使用されるトウツルモドキ科Flagellariaceaeのトウツルモドキ *Flagellaria indica* も"ハブイギー"の俗名がある。

人間の面相のことになるが、下顎が横に張り出した人は"ハブカクジャー"と呼ばれた。ハブの三角形の頭部に似ているということらしい。絡み癖など酒癖の悪い人も"ハブ性"と呼ばれた。また、本土の人間の中には南西諸島の人々に差別的な意味を込めて"ハブ根性"、"ハブ人"などと呼ぶことがあった。奄美大島で暮らし、沖永良部へ島流しとなった西郷隆盛（1828-1877。軍人・政治家）も薩摩へあてた手紙の中で島民のことを"ハブ性の人"などと記述している。

Ⅱ－12.　人間への被害

　ハブは奄美群島・沖縄諸島の抱える重要な公衆衛生問題の一つであることは間違いない。しかしながら、ハブ咬傷の発生は主に人間側の野外活動によって起きるものであり、ハブの活動とは本来、関係がないことを、はじめに明記しておきたい。

　毒蛇にとっての毒は獲物を捕らえるためのものであり、それを二次的に防御に利用しているに過ぎない。毒を使い切れば補充に時間がかかり、その間の捕食は容易ではなくなる。毒蛇にとって人間を咬む行為は、貴重な毒の無駄遣いに過ぎないのである。非常に危険な行為ではあるが、進んでくるハブの前方にゆっくりと寝そべり、ハブを刺激しないよう動かずにいると、ハブは警戒しながらもその上を進んでいく（場合によっては数十分程度、暖を取ることもある）。筆者は同様の実験をニホンマムシ、スマトラコブラ *Naja sumatrama* でも試みたが、結果は同じであった。毒蛇も人間を狙っているわけではないのである。また、ハブが日本国内で最も危険な毒蛇であることは前述したが、日本全体で見れば、生息域の広いニホンマムシの方が当然ながら死亡例は多くなる。言い換えるならば、咬傷上問題となるのは"量的"にはニホンマムシであり、"質的"にはハブである。以下に1997年〜2005年の間に国内で発生した主な有毒生物における死亡者数の一部を表す（表2）。

表2　国内で発生した主な有毒生物における死亡者数の一部（1997年〜2005年）

有毒生物＼年	1997	1998	1999	2000	2001	2002	2003	2004	2005
ハブ	1	2	1	0	0	1	0	1	0
マムシ	10	10	17	6	8	3	8	10	5
ハチ類	30	31	27	34	26	23	24	18	26
ムカデ類	0	2	0	0	0	3	1	1	0
魚類	0	0	1	1	0	0	1	0	0

　余談であるが、上表を見れば分かるように、日本で最も危険な野生動物はハチ類である。特にスズメバチ科Vespoidaeのケブカスズメバチ *Vespa simillima*（北海道・千島列島に分布）とその亜種であるキイロスズメバチ *Vespa simillima xanthoptera*（本州以南に分布）は攻撃性が非常に高く、スズメバチ類の刺傷例では本種によるものが最も多い。

　ハブ咬傷における死亡率は1890年には18.5％であったが、1914年には5.5％。1950年には3％まで減少し、現在ではほぼ0％である。咬まれる部位は下肢50％（足、下腿、大腿の順に多い）、上肢40％（指、手、前腕、上腕の順に多い）、頭部3％、その他7％となっている。なお、鹿児島県におけるハブの分布する市町村地域は県土総面積の約70％とされているが、農地の拡大、道路網の発達、都市計画の進展などによりハブの生息環境は年々縮小、破壊されている。

　奄美群島・沖縄諸島に暮らす人々は昔からハブにより肉体的、精神的に大きな苦痛を受けてきたと思われるが、1700年以前の記録はほとんどない。以下に18世紀〜19世紀のハブに関する記録の代表的なものを紹介する。

◆1721年『中山伝信録第六産物』徐葆光（1671-1723。清の官僚）
　国中蛇最毒九月中毎出，傷人人立露。前使云々，其蛇不傷人未然

◆1877年『沖縄志』伊地知貞馨
　ハブ…蛇蠍ノ類　大ナル者長サ六七尺鼠色ニシテ全身斑紋アリ　頭大ニシテ半円　春暖ニ出テ涼秋ニ蟄ス　草根樹上ニ在リテ尾ヲ草木ニ巻キ頭ヲ以テ人ヲ撃ツ　毒気毒牙ヨリ発シ忽チ死スル者アリ　死ニ至ラサルモ多クハ廃人

トナル　金飯匙倩ト称スル者形小ニシテ毒気最多シ　触ル者ハ必ス死スト言フ　大島徳之島此害殊ニ甚シ　伊良部喜界ノ島ニ飯匙倩ヲ産セス

◆1894年『南島探験』笹森儀助（1845-1915）

　余各島巡廻中蛇ノ一種飯匙蛇ヲ四本打殺セリ　凡ソ丈二尺位ヨリ三尺位ノモノナリ　其他長キモノヲ見ズ　初メニ国頭北端ヲ廻リシ際駐在所ニ調査ニ依レバ飯匙蛇ニ咬傷セラレタル者十余名内死ニ至ル者八人アリト　飯匙蛇ハ春三月頃暖気ノ候地中ヨリ出テ十月頃土中ノ巣窟ニ籠ル　此虫口ノ左右ニ針ノ如キ牙アリ　其牙ハ微少ノ孔アリ　人ヲ見レバ必ズ飛掛ル　嚙ムニ牙ヲ以テス　牙孔ヨリ白キ乳汁様ノ毒ヲ濺ク　此災ニ罹ルヤ百中百死治療法ナシ　其毒螫甚シク人ヲシテ死ニ至ラシムハ沖縄ニ多シ　宮古ニハ巨大ノ蛇アルモ嘗テ人ヲ害セズ　八重山其ノ毒薄クシテ人命ヲ害スルコト少ナシ言フ　成人ノ説ニ依ルベシ　此毒ノ激烈ナル地盤毘古（毒石）アルノ微ニアラズヤ　又言フ　硫黄気ヲ含有セル土砂ヲ屋ノ四周ニ散布セバ該虫入ラズト言フ

◆1850年〜1855年『南島雑話』名越左源太（1820-1881）、1933年永井亀彦編

　反鼻蛇。一名マシモン。毒気強く人の首より上を食へば立所に死す。犬馬亦同じ。羊と牛とは適死する事なし。医療良薬も施すに術なく島中男女反鼻蛇の為に打たるる者年二三十人其過半は死す。

　秋は毒気一倍す。冬は石穴に入る。二月中旬より出常に免道あり。歯向に四つ、月の十五日より歯落ちて二つあり。薬用に有能牙を取り人の虫歯させば立所に痛み止る。又反鼻蛇肉は内クン症の人黒焼にして用ふれば其験ありと言ふ。雄黄の気を悪む。其気あれば遠く逃去。マツタブと言蛇を忌む。此蛇に逢ふ時は是が為に取らるると言ふ。

　これらの記録より、当時から宮古島にはハブがいないこと、そしてハブの色彩型の一つである"キンハブ"、宮古島にサキシマスジオがいること、八重山に生息するサキシマハブの毒性が低いこと、マツタブ（アカマタ）がハブを捕食すること、そしてハブの毒牙に関する仕組みが詳細に知られていたよ

うである。被害については誇張された部分もあるかもしれないが、当時は抗毒素のような特効薬はおろか効果的な治療法もない時代であった。咬まれた者は苦しんだ後、天祐を信じて回復を待つしかなかったのであろう。

　ハブの被害から島民を守るため、1901年に奄美大島にて〝ハブ毒採集所〟が設立された（当初は東大伝染病研究所大島出張所の名称で、文部省所管であったが、1924年に鹿児島県に移管された）。しかしながら、大島島庁は担当者のなり手がなかなか見つからず、苦心したようだ。まず龍郷村の大次郎（姓不詳）なる人物が採用されたが、1年足らずで辞めてしまった。その後も数人採用されたが、どれも3カ月以内に辞めてしまう。しかし、1913年に採用された三方村出身の蒲田亀熊は1918年まで務めた。蒲田亀熊は生涯をこの仕事に捧げるつもりであったが、家族の反対により辞めざるを得なかったという。その後を継いだ熊次郎（姓不詳）なる人物は就任早々、管理不十分によりハブ30匹余りを逃がしてしまい、その責を負って退職する。続いて徳之島出身で野犬撲殺を生業とする牛太郎（姓不明）がその職に就くが、これもハブを度々逃がしてしまい、職を追われる。そして1923年、村長や警察署長などの懇請により、再び蒲田亀熊が務めることとなり、その後30年以上も業務に従事した。アメリカの占領下、予算のない時は無給で難事業に専念し続けた蒲田亀熊の功績は非常に大きい。

　ハブ抗毒素、いわゆる血清は1905年に使用が開始され、以来、多くの人命を救ってきた。抗毒素はハブ咬傷に対する唯一の特効薬であった。しかしながら、当時、抗毒素は南西諸島では生産されておらず、本土からの輸送に頼っており、当時の抗毒素は液体で保存期間が短く、さらに冷温保存が必要であったが、冷蔵庫の普及率は著しく低かった。冷蔵庫がないため、血清を軒下で保存していたという話や、離島や僻地では神棚に置いて拝んでいたという話が1950年代まである。これは南西諸島に限ったものではなく、東南アジアやインドの一部など西洋医学、社会的資本のない地域では、比較的近年まで昔からの加持祈祷や漢方薬で毒蛇咬傷を治そうとしていた。

　1939年に第二次世界大戦が勃発し、次第に抗毒素が手に入らなくなってしまう。食物の配給も少なくなったので、島の人々は山中や渓谷などに食料を探さねばならなくなった。結果としてハブ咬傷に遭ってしまうということも

あっただろう。そして、1945年から日米最大規模にして最後の地上戦となる沖縄戦へと突入していく。

　沖縄戦中におけるハブの咬傷報告はほとんどない。空襲中に咬まれた例や、防空壕内で咬まれた例などがわずかに記録されている程度である。これにはハブが爆音を嫌って逃げ出したとか、人間がハブの縄張りに入りすぎたためハブはあらかじめ逃げ出していたなど、様々な説があるが、科学的根拠はない。悲惨な戦禍に比べれば、ハブなど取り立てて問題にするほどではなかったのかもしれない。沖縄本島では、アメリカ軍の目を避け、山岳へ逃れた多数の北部住民は被害が大きかった可能性もあるが、戦時下では治療の方法もなかったのではないだろうか。一方のアメリカ軍にとってもハブは大きな脅威であり、兵士は手記や手紙に"恐ろしい毒蛇がいる"と書き残しており、実際に、少なくとも米軍第10軍にて9人のハブ咬傷が発生している。幸いにも従事していた軍医が毒蛇咬傷に詳しかったので、死者は出なかった。現在でも沖縄本島各所に駐留している在日米軍内ではハブを"Habu"もしくは"Have"と呼んでいる。

　1945年、第二次世界大戦は終結したが、沖縄の人々は衣食住の全てが不足していた。米軍占領下にあっては、行政によるハブ対策はほとんど行われておらず、当時から医療関係者の間ではしばしば抗毒素のことが話題になったが、打開策は見つからなかった。アメリカ合衆国よりガラガラヘビの血清が輸入され、ハブ咬傷に使用されたという記録もある。

　この頃よりハブ咬傷は奄美群島・沖縄諸島のみに存在するものであるから、その治療のための抗毒素は南西諸島で製造するべきである、という意識が強くなり、1948年には名護病院構内にてハブ飼育小屋が造られ、1949年には初めて本格的な"ハブ飼育所"が設立された。そして、奄美大島が復帰した直後の1954年1月に民間の"ハブ捕獲組合"がおよそ20人で結成され、年間約1万3000匹が集められるようになった。当時は1匹150円で名瀬保健所が買い上げ（後に200円に引き上げられる。当時の中級サラリーマンの月収が平均3万円である）、抗毒素が量産されるようになる。

　抗毒素は健康な馬に微量の蛇毒を定期的に約半年間注射し、毒に対する抗体を体内で作らせ、それを血液より抽出するというものである。実際には牛

や山羊、兎などでも血清の作成は可能であるが、馬が用いられる理由は歴史的な影響が強い（第二次世界大戦前、軍隊では大量の軍馬を飼育しており、老馬は政府が血清製造用として無償、あるいは安価で研究機関に払い下げていた）。馬1頭から約300本の抗毒素が作られる。

　1959年にはハブ抗毒素の乾燥化に成功し、ハブ咬傷の治療は大きく前進するが、当時は医療施設そのものが不足しており、僻地や離島で被害に遭った際、患者の輸送に時間がかかり、その間に症状が悪化する例が少なくなかった。それらの問題を解決するため、1965年にハブ咬傷時の重症化に対する予防対策となるハブトキソイドの接種が奄美大島で実施された。トキソイド（toxoid：類毒素）とは毒素（toxin：トキシン）を含む細胞培養液にホルムアルデヒドを加え、免疫力を持ったまま毒性を低下させたもので、破傷風やジフテリアなどの予防接種に利用されてきた。ハブトキソイドを計画的に接種することにより、ハブ毒に対する免疫が体内につくられ、重症化を防ぐことができる（ただし副作用もあり、連続接種は10年が限度とされている）。

　ハブトキソイドは毒蛇咬傷に対する世界初の予防対策であり、画期的なものであった。第1回予防接種には5600人が希望参加し、1943年までに8万人以上に接種が行われた（後の調査で、ハブトキソイド接種による頭痛や腫れなど副作用の発生率は約2％。接種を受けた患者の壊死発生率は2.9％、非接種患者の壊死発生率は9.7％であることが分かった。しかしながら、ハブ咬傷による死亡率は非接種で1.2％、接種でも1.19％であり、その差を認めるものではなかった）。後の1969年には治療用乾燥ハブ抗毒素第一号が国家検定に合格し、時代の流れと共に咬傷被害も減少。ハブトキソイドを製造してきた千葉血清研究所も2002年に閉鎖した（1904年建築。現在は近代産業遺跡として見学会などが行われている）。鹿児島県によるハブトキソイド接種事業も同年に廃止された。

　ハブによる咬傷被害は、1900年〜1930年までは年間100件〜200件ほどであったが（報告されていない暗数もあると思われる）、1935年から急激に上昇し、1950年には600件近い報告がある。その後一時は落ち着いたが、1960年頃から再度上がりはじめ、1970年には500件ほどになり、その後、徐々に下がり、近年では年間100件を超えることはなく、死亡者もほとんどいない（指の

機能障害などを残すことはある）。年代によるハブ咬傷者数増減の背景には、戦後の復興、それに続く経済成長期に農林作業従事者が増えたことや、開拓が進められたためにハブの生息環境が消滅するとともに、買い上げなどによってもハブの個体数が減少したためではないかと思われる。なお、戦後の奄美ではハブ捕りが行われ、年間約1万匹が捕獲されていたが、沖縄では行われていなかった。しかしながら、両島におけるハブ咬傷の被害数はあまり変化していない。これには沖縄本島における米軍の基地建設が関係しているという説（開発などによりハブが減少した）のほか、沖縄戦の爆撃で南部のハブが減少したからという説もある。

　奄美群島・沖縄諸島では1年を通してハブ咬傷がゼロになることはないが、多い時期と少ない時期がある。まず11月〜3月は気温が低く、ハブの活動が鈍くなるため被害は少ない。しかし、5月〜6月は気温が上がりはじめ、雨も多くなってハブが最も活発になる時期であり、咬傷被害の最も多い時期となる。続く7月〜8月は酷暑期であり、ハブは物陰や地下など冷涼な場所に潜むため、一時的に被害は減少する。そして、時折台風が訪れ降雨量が多くなる9月〜10月、ハブは再び活動を開始し、同時に被害も増加する。沖縄県では毎年5月〜6月に『ハブ咬症注意報』を発表し、9月〜11月を『ハブ咬症防止運動月間』と定めている。

　奄美大島ではハブの咬傷と風向きに関係があるといわれている。北風が吹く季節はハブ咬傷が少なく、風が東から南に変わる季節、続いて南風の季節の順に増える。すなわち、1年のうちで6月を中心に5月、6月、7月と、9月を中心に8月、9月、10月に最も多くのハブ咬傷が発生するというものであるが、風向きとハブの活動の関連性は科学的根拠に乏しい。

　ハブ咬傷を時刻別にすると、地域により若干の差はあるが、午前9時〜10時、午後6時〜10時である。これは南西諸島における人間の活動時間と一致していることや（熱い日中は農作業などを一時中断することが多い）、ハブの活動適温が27℃前後であること、そして夜行性であることなどが関係していると思われる。

　ハブ咬傷が起こる場所は様々であるが、ハブの目撃場所の70%は林や草地から20m以内であり、ハブが出没する屋敷や施設の多くもそれらに接してい

る。統計的には田畑30％、原野20％、山林10％、道路15％、屋内15％、その他10％となっている。しかしながら、時には思いもよらぬ場所での被害記録がある（自動販売機の取り出し口、洗濯機の中、食器（鍋）の中、靴の中、車内など）。中には草を刈っていた最中にハブを発見し、鎌で首を切断したら跳ねた首に手を咬まれた例や、裸足で農作業をしている最中にハブの死体を踏んでしまい、右足裏に毒牙が刺さって後遺症が残った例や、学校帰りの児童らが道端に落ちていたハブの死骸を戯れに投げ合っていたところ、児童の一人にハブの牙が刺さってしまい、死亡したという記録すらある。

　1977年10月21日の朝日新聞に『"ハブ酒"は生きていた』という見出しの記事が掲載されている。記事によれば、10月20日午後２時頃、東京都立川市の消防署へ72歳の男性より「ハブ酒に入っていたハブに咬まれた」という通報が入った。実際にはハブではなくヒメハブであり大事には至らなかったが、原因は徳之島から輸送されたヒメハブを受け取った東京都八王子市の業者が、十分な下処理をせずに蛇酒として販売していたのが原因と考えられている。非常に奇妙な例であるが、2013年には中国の黒龍江省哈爾濱市の農村にて３カ月焼酎に漬けていたはずのクサリヘビ科の毒蛇（種不明）に女性が咬まれるという同様の事故も起こっている。

　ハブ捕りや研究者なども当然、ハブに咬まれる危険性が高い。1960年に奄美大島にて、男性が捕獲したハブを袋から出そうとした際に左下腿中央外側部を咬まれ、自宅療法を続けたが腫れと痛みが取れず、12日後に入院し、受傷後17日目に大腿部から切断が行われた。その後、本人の希望により切断された脚はホルマリンによる液浸標本にされ、名瀬市の保健所で一般公開された。おそらく世界初の毒蛇咬傷例における実物の標本展示であろう（現在はブラジルのブタンタン毒蛇研究所が同様の標本を展示している）。

　以前は屋敷内や屋内、道路上など身近な環境における咬傷被害が意外と多かった。就寝中や入浴中、炊事中に咬まれた例もある。これはハブが餌となるネズミを求めて人家に入り込んだ結果である。

　21世紀になり、ハブ咬傷が脅威であった時代から約40年の月日が経過した。その間、医療技術だけでなく、人間の生活環境も大きく変化した。最も大きな変化の一つが住宅であろう。現在は天井裏をネズミが走り回るような家は

ほとんどない。ハブが潜めるような隙間も少なくなり、トイレは水洗で、台所も明るくなった。これら住居環境の変化はハブ咬傷に対する大きな防御となった。

　もう一つの大きな変化は交通網と運搬手段の発達である。道路の舗装化が進み、道幅も広くなった。高温に弱いハブにとって、昼間のアスファルトの温度は高すぎて進むことができない。また、舗装道路の上では身を隠す場所もない。さらに咬傷患者の元へは救急車が駆けつけ、場合によってはヘリコプターによる輸送も行われている。現在はハブには棲みにくい時代となり、奄美群島・沖縄諸島の住民であってもハブを見たことがないという人も多い。

Ⅱ－13.　症状

　咬まれた部分には2カ所の牙痕が見られるのが普通である。数分後には咬まれた局所は痛みと共に赤く変色し、次第に暗紫色になって腫れ、その後、腫れは拡大していく（腫れの拡大はおよそ24時間続く）。15分～30分以内にこれらの症状が出ない場合は毒が注入されなかった、いわゆる "ドライバイト"（Dry bite：無毒咬傷とも）である。毒蛇咬傷のおよそ10％がこのドライバイトであるといわれている。また、咬傷の部位や咬傷の方向、衣類の状態によっては蛇毒がほとんど入らないか、全く注入されない場合もある。

　以下にハブ咬傷における代表的な症状を述べる。腫脹、疼痛、圧痛、出血、内出血、リンパ節腫大、水泡形成、壊死、悪心、嘔吐、腹痛、下痢、頻脈、チアノーゼ、ミオグロビン尿、血圧低下、意識障害などである。そして、死亡または重症化の原因となるものとして、循環不全、代謝性アシドーシス、急性腎不全、DIC（播種性血管内凝固症候群）、アナフィラキシー反応などがある。

　前述したように、ハブ咬傷の約90％は四肢であるが、約3％は頭部である。頭部を咬まれた場合、短時間で顔面全体が腫れあがり、眼も開けられない状態になるが、皮膚の下にすぐ頭蓋があるため、毒牙があまり深く入らず、壊死は発生しないことが多い。しかしながら、稀に毒が直接脳に浸透する場合があり、患者が嗜眠状態に陥った記録もある。

死亡する場合の多くは24時間以内に落命し、逆に24時間以上生存した場合、死亡率はかなり低くなる傾向がある（死亡例の75％は24時間以内）。ハブに限らず、毒蛇における咬傷被害は個人差が大きい。

Ⅱ－14.　応急処置法

　毒蛇咬傷における唯一の特効薬は抗毒素（血清）であり、一般にできる応急処置はほとんどない。一刻も早く医療機関へ向かうべきである。過去に、誤った処置を行ったことにより、むしろ悪化させてしまった例が多々あることを理解しておく必要がある。これらのことを前提として、以下に応急処置法について述べる。

　従来は“毒蛇に咬まれたら、あわてず、安静にすること”といわれていた。これは必ずしも間違いではないが、近くに医療機関があるならば（もしくは助けを呼べる場所があるならば）、走ってでも向かった方が良い。治療が早ければ早いほど、軽症で済む。しかしながら、人里離れた山奥で咬まれたり、すぐに助けが呼べないような場合は、以下の応急処置法が存在する。

　第一に、患者を安心させることである。抗毒素そのものは数時間経過しても有効であることを伝えるとよいだろう。傷口を極力動かさず、患者に全身症状（ショック状態や呼吸困難など）の兆候がないかを確認する。そして、携帯電話などのカメラ機能を利用して咬んだヘビを撮影しておくとよい（後に医療機関に提示することにより、使用する抗毒素の種類がより正確なものとなる）。ヘビを殺して持ち帰るという方法もなくはないが、危険である上に、ヘビがかわいそうなのでやめてほしい。

　次に、傷口の上部5㎝～6㎝の場所をタオルやベルトなど幅のあるもので軽く縛る。この緊縛は毒を拡散させるのを防ぐためであるが、強く締めすぎては逆に傷口周辺の壊死を促進させてしまう危険があるので注意し、10分に一度は緩めるようにする。そして、可能であれば傷口から毒を口で吸い出す。蛇毒は飲み込んでも問題ないが、口内に傷がある場合は避けた方が無難だろう。傷口を2％～5％のタンニン酸で洗浄すると蛇毒を不活性化できる場合がある。ない場合は緑茶などで代用するとよい。流血がある程度収まったら、

二次感染を防ぐため必ず傷口を消毒する。さらに、患者に水分を摂取させ利尿促進を図ることで、血液中の毒素濃度を薄め、毒素排泄にもつながる。

　毒蛇咬傷において以前は推奨されていたが、現在ではむしろ控えるべき行為がいくつかある。まず、切開してはならない。以前は〝島治療〟と称してかみそりなどで傷口を切開し、血を吸い出し、焼酎で洗い流すという方法が普及していたが、むしろ二次感染の危険性が高いので行うべきではない。次に、患者に酒を飲ませてはならない。東南アジアでは（以前は沖縄でも）酒を飲ませて恐怖と痛みを麻痺させるという方法が取られていた。そして、傷口を冷やしてはならない。1970年代、アメリカ合衆国にてガラガラヘビ咬傷に対して氷で冷やすという行為が有効であると広く信じられていたが、結果として細胞死を促進させることになってしまう。また、沖縄ではハブ咬傷にはナメクジが効くという俗信もあるが、当然、使用してはならない。

　なお、沖縄では古くからムラサキ科Boraginaceaeのモンパノキ*Heliotropium foertherianum*がハブやウミヘビの咬傷に用いられてきたが、その成分がロスマリン酸（ポリフェノールの一種で、抗酸化作用や抗炎症作用を持つ）であったことが、近年解明された。

Ⅱ－15.　医療機関での治療

　医療機関での治療に関しては、状況により処置が異なるので医師の指示に従うべきなのは言うまでもないが、以下にハブを中心とした毒蛇咬傷の治療例を紹介する。

　まず、前述した応急処置法により傷口付近を緊縛している場合は、外した時に毒の急速な拡散、吸収により血圧低下を起こすことがあるので、ある程度腫れの見られる症例では、まず輸液などのために血管を確保しておくとよい。腫脹があまりに強いときは傷口付近に小切開を行い、毒の排出を促す必要がある。特にハブの場合は、強度の腫脹による循環障害の影響が大きいため、早期に切開を行わねばならない場合もある。逆に、ごく軽い咬傷と判断された場合は、抗毒素を使わず対症療法のみで自然治癒を待つこともある。

　抗毒素1本でハブ毒およそ30mgを抑えることができる。抗毒素は蒸留水で

溶解し、輸液と共に30分ほどかけて点滴静注するが、副作用を防ぐため抗ヒスタミンとステロイドを投与する。アナフィラキシーショックの危険性もあるので、エピネフリンと気管内挿管の準備も必要である。消炎剤や広範囲スペクトルの抗生剤、FOY（蛋白質分解酵素阻害薬）、破傷風トキソイド（もしくはテタノブリン）なども投与する。さらに乳酸リンゲル液による輸液管理と利尿剤による尿量の確保に努め、代謝性アシドーシスには重炭酸ナトリウムで補正する。腎機能が低下するようならば血液透析の適応となるが、早期に抗毒素を使用していて顕著に尿量が減少していなければ回復に向かうこともあるので、輸液と利尿剤でしばらく様子を見るが、数時間が経過しても症状が改善されない場合は、さらに抗毒素を追加投与する必要がある。

　なお、多くの蛇毒のタンパクの分子量は1万以上程度であり、血液透析や腹膜透析ではほとんど除去されない。血漿交換はある程度の効果を示すが、危険性を考えれば、抗毒素治療を第一に行うべきであろう。

　蛇毒の抗毒素は馬の体内で作られた物であり、人にとっては異種タンパクであるため、接種により発疹や発熱、関節痛などの血清病が現れることがあり、その発生頻度はハブ咬傷においては10%〜20%と比較的高い。これらは抗ヒスタミンとステロイドにより、予防ないし治療可能である。また、抗毒素の2度目の使用（主に前回の使用から半年以内）はアナフィラキシーショックを起こす危険性が高いという説もあるが、ハブ咬傷治療では2度目であっても副作用が問題となったという報告はほとんない。なお、被害例は報告されていないが、ハブとの交雑種は2種類（ハブとサキシマハブおよびハブとタイワンハブの交雑種）共にハブ抗毒素が利用できることが分かっている。余談であるが、ヒメハブ咬傷においてもハブ抗毒素が利用された例がある。

II－16.　家畜への被害

　ハブによる咬傷被害は家畜でも発生している。最も多いのはイエネコ、イエイヌの咬傷被害であろう。イエネコは外から帰って来た時、イエイヌは散歩中に咬まれることが多い。在日米軍基地内においても軍用犬に被害が発生している。奄美群島だけでも報告されているだけで年間20件以上の被害報告

がある。しかしながら、奄美群島・沖縄諸島には古くから"犬猫はハブに咬まれても大丈夫"という俗信があるため、動物病院へ受診させない飼い主も多いという。これは全くの間違いであり、イエネコやイエイヌもハブに咬まれて死亡する場合がある。症状は咬まれた個所によって異なるが、主に以下に分かれる。

　１）ショック状態に陥り、死亡する
　２）ショック状態にはならないが、数日かけて肝機能が悪化し重症化する
　３）咬傷部位が一時壊死するが、完治する

　現在、イエネコ、イエイヌ用の血清は製造されていないため、重症化した場合は人間用の血清を使用する場合もある。

Ⅱ－17. 主なハブ対策

　ハブが潜んでいそうな場所での作業は、つばの大きな帽子や厚めの革手袋、長靴を装着すると、安全性は高くなる（ハブ咬傷の90％は四肢である）。草むらに入る時は150cm以上の棒であらかじめ周辺を叩きながら進み、山羊小屋、牛小屋、鶏小屋などに入る時は周辺に十分注意を払い、夜間は懐中電灯を使用する。もしもハブを発見したら150cm以上離れる。捕獲してほしい時は市町村のハブ対策担当課へ連絡する。もしも身の危険を感じるような緊急事態ならば警察に連絡した方がよい。

　ハブ防除用の罠として、刺し網やネズミ入りの箱罠（主に野外用）、ガムテープ罠（主に屋内用）などがあるが、最も一般的なものは蛇捕獲器であろう。現在までに20タイプ以上が考案され、特許も10以上出願されている。一部の地方自治体では貸し出しなども行われている。しかし、これらは無害なヘビ類や他の無関係な野生動物を捕殺してしまう場合もある。やはり最も基本的な対策として、歩道や水路、畑周辺の草刈りを行い、作業小屋も整理し、ハブが棲みにくく、見つかりやすい環境を日常的に整備しておくことが重要である。

　サトウキビなどの農作物を収穫する際には、ハブの活動範囲を拡散させないため、人家や畑に向かって作業することを避ける。しかしながら、収穫の

進行に伴いハブが残された区画へ集中する場合もあるので注意が必要である。また、林に面した畑などではハブ除けフェンスを巡らし、背の低い野菜を作るのが良いだろう。収穫後に堆積された作物もハブの隠れ家となるため野外に放置しないようにする（移動中の車両や、作物に混じっていたハブが搬送先の工場で見つかった例もある）。

土木工事などにおいては集落側から始め、山地の方へ進めることにより、ハブ遭遇の危険性を下げることができる。新たな石垣を造る際にはハブの棲み家にならないよう穴埋めを行うとよい。しかしながら、これらの行為は場合によってはハブを集落や畑へと追いやってしまう可能性もあるので注意する。

近年、ハブの忌避物質として灯油、重油、クレゾール石鹸液、木酢液などが挙げられているが、隠れ場所など限られた空間では効果があるものの、侵入防止などの効果は期待できない。

Ⅱ－18. 過去のハブ対策

ハブの買い取りに関しては前述したので、ここではそれ以外のハブ対策について述べる。開闢以来、ハブの被害を受けてきた奄美群島・沖縄諸島にはハブ除けの呪文・呪詩である"ハブ口"が数多く残されており、現在も一部の地域で使用されている。以下に奄美大島笠利地方に伝わる代表的なハブ口を紹介する。

あやきまだらき	（ハブよ）
こーじり　まーばら	（私が川下を歩く時は）
こーがしら　まーてぃ	（川上をまわり）
こーがしら　まーらば	（私が川上を歩く時は）
こーじり　まーてぃ	（川下をまわって）
いきちげぇ　やりちげぇ	（行き違い、遣り違いにして）
いきゃわんにし　とーとん	（出会わないようにさせてください。あな尊し）

　これは言葉に呪力の存在を信じ、言葉によって現実を変えようする試みであるといえる。また、沖縄本島の宜野湾周辺には以下のようなハブ口も伝わっている。

よーあやまだらまだら	（ハブよ）
いやーしゅ　あまくわ	（汝は父母の子か）
わんねんかじぬ　くわ	（俺はムカデの子ぞ）
わが　いちうる　さちに	（我が行く先に）
ほーていうりむん　やらわ	（這いよるならば）
おーぶちし　うったりでよりでより	（青竹にて打ち殺すぞ　出ろ 出ろ）

　沖縄諸島には "ハブとムカデは敵同士。ハブはムカデに到底かなわない" という伝説があり、ここから生まれたハブ口ではないかと思われる。自らをハブの天敵に置き換えてハブを退けるというユニークな内容である。ハブ口の内容の多くはハブを神として讃えるものや、ハブの死を願うもの、ハブと人間の行動が反対になるよう対語仕立てに組み上げられたものであり、人々とハブの関わりの深さがうかがえるものである。

　ハブの生息していない島の浜砂をハブが嫌うということが信じられ、旧藩時代において久高島、粟国島などの浜砂が沖縄本島に搬入されたという記録がある（1970年代にも一部で搬入・販売されていた）。同様の理由で珊瑚砂が撒かれたり、硫黄が焚かれるなどの行為が1990年頃までは普通に行われていた。

　マメ科Fabaceaeのハブソウ（エビスグサ）*Senna occidentalis* は、原産地はアメリカ合衆国南部から南アメリカであるが、日本には江戸時代にハブの民間薬として導入されたためにこの和名がある。また、詳しい由来は不明であるがハブがホウセンカ *Impatiens balsamina* や、シチヘンゲ *Lantana camara*、ソラマメ *Vicia faba*、チョウセンアサガオ *Datura metel*、レモングラス *Cymbopogon citratus* などを嫌うと信じられ、各地で栽培されていたこともある。

1960年代にはハブの棲み家となる石垣や納屋などを人工的に作り出し、そこに集まったハブを駆除するという案が出された。実際に行われたかどうかは定かではないが、それなりに効果の望める方法ではあろう。

　1960年〜1970年にかけて、ハブの餌動物を利用するという方法もいくつか考案された。ヒヨコやマウスの体に、釣り針を付けて放し、ハブに食べさせるという"Hook法"。これは"ハブの一本釣り"とも呼ばれ、当時マスコミなどで話題となった。ヒヨコの体に摘出された親鶏の気管（ブロイラー処理場で破棄されるもの。丈夫な筒状）に挿入された鋼鉄製の弾性ピンを装着して放し、食べたハブの体内でピンが開き（親鶏の気管がハブの体内で溶ける）、人工胃潰瘍を発生させる"Chicken-pin法"、同じく摘出された親鶏の気管に殺蛇剤（塩化カリウムなど）のカプセルを挿入し、それをヒヨコの羽の下に装着する"Chicken-capsule法"などである。これらのヒヨコは"ひよこ特攻隊"などと呼ばれ、沖縄県島尻郡南風原町などで実験され、それなりに効果はあったが、薬剤をハブ以外の動物が食べる可能性や、弾けたピンに貫かれたハブが長期間生存できること、ハブの死後もピンやバネが残り、人体を傷つける可能性が指摘されたことから、不採用となった。

　奄美大島名瀬市保健所が発行した"昭和四十年度はぶ対策事業の概要について"という資料の中に"はぶ撲滅実験"という項目があり、"殺蛇剤の実験"という報告がある。内容としては1964年にBHC、DDT、マラソン、ダイアジノンなどが散布され、1966年には有機塩素剤が散布されたというものである。それなりの成果はあったといわれているが、無害な他のヘビ類や陸上生物だけでなく、河川に薬剤が流れ出て魚類にも被害が出たため中止となった。また、浜比喜島にて農薬であるエンドリン200倍液を高圧噴霧器で散布したが、同島が隆起石灰岩からなる複雑な地形であったため、成果を得るには至らなかった（実験では87cm、95gの個体が3時間、1.5m、600gの個体が10時間で死亡している）。さらに、ハブの忌避剤としてナフタレンを撒けばよいという報告もあったが、こちらも毒性がある。

　1973年、沖縄公害衛生研究所では特定の地域を限定してハブを絶滅させる計画を立て、そのテストケースとして沖縄県国頭郡本部町に属する水納島が選ばれた。0.47km²の水納島を5ブロックに分け、30m〜40m間隔に25m²の空き

地を作り、その中心に誘因物となる鶏舎を設置し、周辺には釣り針を付けたマウスを仕掛け、さらに周辺を魚網で囲むというものでる。結果として6カ月で86匹のハブが駆除された。島の規模から考えると大きな成果であろう（当時の水納島におけるハブ捕獲率は年間10匹～20匹程度）。この駆除計画は翌年まで継続されたが、現在も水納島にはハブが生息している。なお余談であるが、水納島からハブが一掃された暁にはクジャク、シチメンチョウ *Meleagris gallopavo*、ホロホロチョウ *Numida meleagris*、ポニー *Equus ferus caballus*（Pony：肩までの高さが147cm以下の馬の総称。フィリピンより導入が予定されていた）の放牧や三味線の材料としてニシキヘビ科 Pythonidae の養殖施設の建設など、様々な計画が挙げられていた。

　南西諸島における重要な農業害虫であったミバエ科 Tephritidae のウリミバエ *Bactrocera cucurbitae* は1919年に八重山列島で初めて存在が確認され、1980年には南西諸島全域に拡大していった。このウリミバエ対策として、1972年より不妊虫放飼（人工的に不妊化した害虫を大量に放し、繁殖を妨げる駆除方法の一つ）が行われた。その結果、久米島では1977年には根絶が確認され、1993年には全域で根絶が確認された。この技術をハブでも利用するという計画があったが、効果が疑問視され実現しなかった。

　1980年にはハブ探知犬の訓練も開始された。名前の通り、犬の嗅覚を利用して隠れているハブを犬が見つけるというものである。使用された犬種はビーグル（Beagle）とダックスフント（独：Dachshund）で、共に嗅覚ハウンドの猟犬として永い歴史があり、これらの鋭い嗅覚をもってすれば可能であろうが、犬にとっては危険すぎる任務のように思えなくもない。関係者は麻薬犬訓練所と連携し、1983年にハブ探知犬が完成したが、あまり役に立たなかった。犬はハブを感知して草むらや石垣の前でほえるが、正確にどこにいるのかまでは教えてくれない（ハブに咬まれないよう一定の距離を持って立ち止まるよう訓練されている）。そして、犬がほえている間にハブは危険を感じて静かに逃げてしまうからである。非常にユニークな方法であったが、現在は育成されていないようだ（個人で育成している例はわずかにある）。

　1984年には"マウスギジエ"と呼ばれる擬似餌も数種類開発されている。マウスの筋肉を布地で包んだものや、スポンジをモヘアで包んだものなどで

あった。実験では前者は5匹中3匹、後者は5匹中2匹が捕食したという。

II−19. ハブの利用

　前章でも紹介したが、奄美群島・沖縄諸島には"ノロ"と呼ばれる女神官が存在する。1477年に即位した第二尚王統第三代尚真王（1465-1527）の時代に中央集権制が確立された際、尚真王は按司（あじ、あんじ。琉球諸島に存在した位階の一つ。日本の宮家に相当する）の姉妹として各地域の宗教的主権者であったノロを王府の体制下に組み込み、支配体制をより強固なものとした。そのノロが神性を示すために使用したのが、ハブであった。強い霊力を持つノロがハブを自在に操り、罪人を罰したという説話は数多く伝わっている。

　佐藤中陵（1762-1848。草本学者）の『中陵漫録』によれば「琉球にはハブ使いの家柄が三軒あり、これらの家は多くのハブを養い、年に一度豪家へ行き、銀子三百目、米俵百俵などを無心にかける。差し出さなければハブに言いつけてその家人を咬ませるので、その害を恐れて皆無心に従う。一年に一度その財貨を得れば他に望みなしといい、その家は昔からあるが、国王といえども除き難くほかに害もないので人外として置く」とある。詳細は不明であるが、事実ならばハブの威を借りたユニークな強請である。

　ハブを用いた犯罪は知られていないが、海外では毒蛇を用いた自殺や犯罪、防犯ビジネスなどの例がある。余談であるが、最も有名なのはCleopatora Ⅶ Philopattor（前69-前30。プレトマイス朝最後のファラオ）の自殺であろう。近年では台湾やロシア連邦などでも、自身の飼育している毒蛇に故意に咬ませて自殺した例がある。ベトナム社会主義共和国では蛇毒を用いた暗殺方法が古くから伝わっており、アメリカ合衆国でも1935年に保険金目当てに泥酔させた妻の脚を毒蛇に咬ませるという事件が発生した。また、夜間の盗難防止のため毒蛇を店内に放し、翌朝回収するという警備サービスを行う会社もあった。1980年代には当時のソビエト連邦が蛇毒を利用した生物兵器の一種である毒素兵器を開発している。日本では第九陸軍技術研究所（登戸研究所とも。1945年に閉鎖され、現在は明治大学の資料館として一般公開されてい

る）にてアマガサヘビ属 *Bungarus* の毒が研究されていた。

　明治の半ばごろ、奄美大島や徳之島はネズミの被害が甚だしく、農家では困惑していたが、ハブがこのネズミを駆除してくれるので、農家では有益な動物と見なしており、ネズミの被害が大きい間はハブの駆除を喜ばない風習があったという。1940年頃にも徳之島の亀津にはネズミ駆除のため猫の代わりにハブを敷地内に放し飼いにしているという老農夫が住む一軒家があり、家の裏にある洞穴に150cmほどのハブが棲み着いていたという。危険な行為と言えなくもないが、近代になってハブが受け入れられた数少ない例である。また、2014年には奄美大島にて農作物のパパイア *Carica papaya* をカラスの食害から守るため、"ハブ型かかし"なるものが設置されたことがあり、それなりの効果があったそうだ。

　1960年代には、ハブの毒牙を取り除き、見世物として扱う者も現れた。毒牙を取り除かれたハブは短期間で死亡することが多かったが、稀に後から生え替わったスペア（副牙）に咬まれたと思われる咬傷被害もあった。

　ハブは南西諸島の産業や民間療法においても様々な面で利用されてきた。ハブ酒、ハブの肝、ハブ粉などは強壮剤として、ハブの眼球は老眼に効くとされ、ハブの黒焼きは呼吸器疾患としてだけでなく、梅毒など性病の薬として色町で販売されていたこともある。ハブ油も万能軟膏として古くから知られているが、いずれも科学的根拠はない。

　近年ではハブ油を組み込んだ石鹸やクリームなどの化粧品の他、革の手入れ用にもハブ油が利用されている。過去にはハブを大量増殖して薬用に利用しようと計画した製薬会社もあった。

　食材としては、主に汁物、唐揚げ、カレー、ハンバーグ、近年ではハンバーガーや栄養ドリンク、飴、菓子類、氷菓、和菓子にも加工されている。

　ハブ皮製品には財布、名刺入れ、ベルト、カフスボタン、ネクタイピン、キーケース、ブローチ、煙草ケース、ステッキ、ペン軸、靴べら、サンダル（紐部分）などがあり、近年では携帯電話用ストラップ、ビーズ、御守り（主に金運成就）、指輪、ブレスレット（骨も利用される）、ネックレス、バッグなどにも加工されており、観賞用の剥製にされることもある。

　ハブの脱皮殻は油に浸し、婦人の髪結い師が利用したという記録のほか、

鎮痛、解毒剤として内服されることもあった。現在もハブ毒を医薬品として利用する研究が進められている。爬虫類全般を見渡しても、ここまで利用されている種類は世界的に珍しい。なお、一部の酒造所などではハブに感謝の意を捧げるため、供養祭を毎年催している。

　現在、ハブの買い取りは沖縄本島北部や離島地域の一部で行われており、価格は1000円〜3000円である。現在、その扱いは個体によって『生ゴミとして処分』『焼却処分』『製品の材料として活用』に分かれており、ハブ捕り職人は年間50万円〜200万円の収入があるという。

　ヘビ類は世界中で飼育されており、一部の種類は100年以上の歴史がある（アカダイショウ Pantherophis guttata やキングヘビなど）。中には毒蛇のみを飼育する収集家も存在し、それらにはハブ属が含まれる場合もある。特に需要が高く、飼育者数が多いのは中国に産するナノハナハブ、マンシャンハブの2種であろうが、日本固有のハブ属3種も国内外に愛玩用として流通した例がある。

　ハブを直接利用したものではないが、ハブと関連付けられた興味深い事例をいくつか紹介したい。"指ハブ"もしくは"かみつきへび"、"ハブグヮァー"と呼ばれる民芸品が存在する。アダンの葉で織り込まれた筒状の中に指を入れると、取れなくなるというものである。近年ではハブをテーマにしたカードゲームやキャラクター、アニメ番組、歌謡曲等も作られている。

　正式な名称ではないものの、かつてはハブの名が付けられた地名もいくつか存在していた。首里城下には三つの露天市場があったとされる。テーラマチ、マージマチ、アカタマチである。アカタマチは龍潭池畔の道を東に行きついた村の切れ目に位置しており、その場所は、通ってきた道より何倍も広く三角形になっており、ハブの頭に似ていたので"ウフ、カクジャー（ハブの頭）"と呼ばれていた。また、戦前の久米島には大通りにあるメソジスト教会の真向かいに"ハブ坂"と呼ばれる上り坂の小道があったとされ、復帰前まで小高い丘にあった米軍のレーダー基地は、ハブが多く生息するということで"Habu hill"と呼ばれていた。

　日清戦争前後、琉球国の再興を求める"頑固党"と、それに反対する"開化党"が対立しており、開化党の発行する『琉球新聞』が頑固党を盛んに非

難したので、頑固党は同誌を嫌悪して“紙ハブ”と呼び、後にそれが新聞の一般代名詞となった。

　前述したとおり、在日米軍の間でもハブは恐ろしい毒蛇として知られており、嘉手納基地に配置された一部の航空機のニックネームにもなっている（超音速戦略偵察機SR-1 Black Birdに“Habu plane”、ステルス戦闘機F-11 Night Hawkに“Have blue”等）。

　株式会社南都は2017年8月2日を“ハブの日”（ハ→8、ブ→2とする語呂合わせ）として一般社団法人日本記念日協会に申請し、これが認定された。日本記念日協会は「沖縄の観光・産業の発展のきっかけになるだろう」と評釈している。

Ⅱ－20. ハブの保護

　南西諸島には50種17亜種の両生類・爬虫類が生息しており（両生類17種2亜種、爬虫類33種15亜種）、その内、両生類10種、爬虫類24種が何らかの保護対策、捕獲・取引規制が行われているが、陸棲毒蛇ではイワサキワモンベニヘビのみが石垣市自然環境保全条例（捕獲、または殺傷の禁止）、竹富町条例希少種（捕獲等への規制はない）に指定されているだけであり、ハブには有効的な保護対策は取られていない。

　また、環境省はレッドリストにおいてガラスヒバァをEN（絶滅危惧ⅠB。近い将来における絶滅の危険性が高いもの）、ヒャンおよび亜種のハイをNT（Near Threatened：準絶滅危惧種）、イワサキワモンベニヘビをVU（準絶滅危惧Ⅱ類。絶滅の危機が増大している種）、イイジマウミヘビをVU、ヒロオウミヘビをVU、エラブウミヘビをVU、トカラハブをNTに指定しているが、こちらにもハブは掲載されていない。

　90年代には自然保護の観点からハブを天然記念物にすべき、という意見もあったが、当時はまともに取り合ってもらえなかったようだ。ハブのみならず、世界的に見ても有毒生物が保護されている例は非常に少ないのが現状である。しかしながら、南西諸島の環境は2000年以降大きく変化し、ハブの個体数も激減している現状では、何らかの対策が必要であろう。

第Ⅲ章
ハブの飼育

　日本国内において、ハブを含むクサリヘビ科全種（特定外来生物であるタイワンハブを除く）は、政令によって特定動物に指定されているため、飼養もしくは保管を行う場合は都道府県知事の許可を受けねばならず、設備その他にも法的な基準が設けられている。これらに違反した場合は6カ月以下の懲役、または100万円以下の罰金に処されることを、はじめに明記しておく（2019年8月現在）。また、2019年6月12日には動物愛護法の改正案が成立した。2020年内には施行され、愛玩目的による飼養は禁止されると思われる（特定動物との交雑で生まれた個体も含む）。

　有毒種であるハブの飼育は少なからず危険な行為であり、個人で行うべきではないが、過去の飼育研究によって多くの新事実が導き出されたのも事実である。また、ハブには多くの展示施設で見世物的、消耗品的な扱いを受けてきた不幸せな過去もある。これらのことを踏まえた上で、第Ⅲ章では国内外で培われたハブの飼育方法を説明する。

Ⅲ－1．飼育の難易度

　一概には言えないが、ハブは愛玩用として飼育されている一般的なヘビ類（アカダイショウ、キングヘビ、ミルクヘビ *Lampropeltis truiangulum* など）と比べると、環境の変化に弱く神経質であり、拒食や脱皮不全を起こしやすいことから飼育が容易とは言い難い。ハブの飼育は、ヘビ類の飼育や扱いに慣れた熟練者のみが行うべきである。また、過去に愛玩用として各地のハブが流通した例があるが、それらの中でも比較的飼育しやすく、扱いやすいといわれているのは、沖縄本島産（特に北部の個体群）、奄美大島産、久米島産、

徳之島産の順である。

Ⅲ－2. 性質

　ハブの性質に関して、ほとんどの文献には“神経質で攻撃的”とある。それは事実であるが、個体差はあるものの、長期飼育すればほとんどの個体は性質が穏やかになる。決まった場所で餌を与えていれば、その場所を覚える個体もおり、ピンセットからおとなしく餌を受け取る個体もいる。一般的な愛玩動物と異なり、人間に馴れるわけではないが、ストレスをかけず、丁寧に適切な管理を続ければ、時間に比例して攻撃性が下がるのは事実であり、これは毒蛇飼育を長期的に行う上で、重要な要因の一つである。

Ⅲ－3. 取り扱い

　毒蛇の取り扱いについて、ヘビ類の頭部や頸部を押さえつけるようにして固定している写真が、書籍やインターネットなどで多く見られるが、多大なストレスを与えるため、治療時以外は行ってはならない（後に飼育することを考えるならば、野生下からの捕獲時も行ってはならない）。取り扱いの際にはスネークフック（Snake hook：蛇鈎棒）という専用の器具を使用する。スネークトング（Snake tong：捕蛇器）という器具もあるが、こちらは鋏状の先端でヘビの体を押さえつける構造になっているため、使用には注意が必要である（ストレスを与えやすい）。
　ハブは神経質な毒蛇であるため、ハンドリング（Handling：素手での調教）などは当然ながら行ってはならない。毒蛇を扱う際には、毒蛇と一定の距離を保ちながら、毒蛇の頭部が常に取扱者に向かないようヘッドコントロール（Head control：頭部制御）する必要がある。大型個体の場合はスネークフックやトングで体の前半部を持ち上げ、尾の近くを手で軽く持ち、常にヘビの体が下方を向いているようにするとよい。なお、ヘビを触る前と触った後は、必ず手を消毒すること。

Ⅲ－4．長期飼育に適した個体

　長期飼育に適したハブの大きさは、生後1年前後の60cm～80cmの個体である。極端に小さな個体は体力がなく、餌の入手が難しい（トカゲやヤモリなどが必要になる場合がある）。また、大型個体は神経質で環境になじみにくく、拒食率が高くなる傾向がある。

Ⅲ－5．採集に適した時期

　長期飼育を目的にハブを採集するならば、活動期である5月～7月頃がよい。冬季や気温の低い時期に採集すると、餌付けが難しい場合がある。

Ⅲ－6．単独飼育

　特別な理由がない限り、ハブは原則として単独飼育を行う。限られた空間に複数が混在すると、一部の個体（もしくは全体）の餌食いが悪化する傾向がある（これはハブに限ったことではなく、フードコブラ属など他の毒蛇でも見られる）。また、稀な例ではあるが、複数飼育における給餌の際、餌のネズミがハブの尾をかじり、驚いたハブが突発的に別のハブに咬み付き、咬まれたハブが中毒死した例もある（毒蛇の血中のタンパク質には蛇毒を中和する物質も発見されており、自身の毒に対して若干の抵抗性はあるが、量が多い場合は中和しきれずに死ぬことになる）。

Ⅲ－7．導入

　繁殖個体の方が飼育は容易であるが、ハブの繁殖はほとんど行われていないので、野生採集個体を飼育することを前提として述べる。
　初めにしなくてはならないのは、導入されたハブに外傷、外部寄生虫などが付いていないかを調べることである。特に口元周辺の傷や、開口呼吸をし

ているような場合は注意が必要である。捕獲時に手荒に扱われたことにより、自身の毒牙で口内を傷つけてしまい、死に至る例もある。透明な容器に入れて慎重に観察するのが良い。

　飼育容器に導入した後は、ハブを落ち着かせることが必要である。数日〜1週間は刺激しないようにする。飼育容器そのものを布などで覆ってしまってもよい。なお、ハブは危険を感じると攻撃態勢をとるのが普通であり、導入時に攻撃態勢を取れない個体は、すでに衰弱している可能性がある（長期間飼い込まれた個体や、繁殖個体はその限りではない）。

Ⅲ−8．飼育容器

　特定動物であるハブは飼育設備に関しても政令によって基準が設けられているが、基本的には市販されている爬虫類専用の飼育容器で構わない（鍵と耐震設備は必ず設置すること）。ただし、ハブは地上性と樹上性の両面を持ち合わせているので、一般的なヘビ類よりも広さと高さがあるものを選ぶようにする。

Ⅲ−9．床材

　床材は必須であり（プラスチックやガラス面に長時間接していると、腹部に炎症を起こす場合がある）、湿らせた水苔、新聞紙、園芸用の赤玉土などが利用できる。管理の容易さでは新聞紙が良いが、保湿の面においては水苔の方が優れている。また、園芸用の赤玉土と水苔を半分ずつ敷きつめ、ハブ自身に選ばせる方法もある。小動物用の木製の床材（商品名アスペンチップなど）はハブが捕食の際に口内を傷つける可能性がある。なお、腐葉土や黒土なども不潔になりやすいので、使用しない方が無難である。

Ⅲ−10．シェルター

　飼育開始当初は、神経質なハブにとってシェルター（Shelter：隠れ家）は

必須である。ハブが塒を巻いて全身が入れる程度のものを利用する。爬虫類専用の商品も販売されているが、トンネル状のコルクバーグや流木、プラスチック製の食品保存容器を加工（側面や上部に入り口を作り、内部に水苔などを敷き詰める）したものも利用できる。なお、環境に慣れるにつれてシェルターの使用頻度は減り、登り木の上で長時間を過ごすようになる個体も見られる。使わなくなったら、シェルターは取り除いてもよい。

Ⅲ－11．登り木

　ハブは樹上性傾向も強いので、登り木はあった方が良いが、個体によってはやや性質が荒くなる場合もある。登り木は細い枝状ではなく、太い流木やコルクバーグのようなものを利用する。ハブが気に入れば、長時間をその上で過ごす姿を観察することができる。また、登り木とは別に生きた観葉植物などを容器内に設置してやると、ハブを落ち着かせるだけでなく、湿度の維持にも役立つ。ポトス *Epipremnum aureum* など葉の大きなものが良いだろう。しかしながら、残留農薬には十分注意すること。

Ⅲ－12．水入れ

　水入れはハブが塒を巻いて全身が入れる大きさのもので、ハブが動かしたり、横転させることができない、重量のあるものを常設する。なお、水は常に新鮮なものを入れておく。

Ⅲ－13．照明

　不可欠というわけではないが、蛍光灯タイプのものが使用できる。爬虫類専用のものが望ましい（青い光を放つものは不可）。熱を発する電球タイプのものは使用しない。夜間は当然消す。

Ⅲ－14．温度と湿度

　飼育温度は28℃前後、夜間は若干下げるとよい（25℃前後）。ハブは乾燥に弱いため、湿度は80％以上を保持するようにする。温湿度の管理は、ハブ飼育の重要な要素である。

Ⅲ－15．保温

　冬眠させないならば、冬場は保温が必要になる。現在は様々な愛玩動物用の保温器具が市販されているが、一カ所のみを温めるのではなく、空調設備で空気そのものを温めてしまうのが良い。その場合は温風が直接ハブに当たらないよう注意が必要。

Ⅲ－16．保冷

　ハブは暑さに弱いため、夏場は保冷しなければならない。こちらも一部だけを冷やすのではなく、空調設備にて空気そのものを冷やした方が良い。夏場の温度管理は想像以上に難しく、小さな事故や失敗が原因で死亡させてしまうことがあるので注意が必要。

Ⅲ－17．餌

　ハブに限ったことではなく、ヘビ類全体にいえることであるが、個体によって餌の嗜好性が大きく異なる場合がある。ネズミを好む個体が多いが、中にはカエルやトカゲを好む個体や、鳥類ばかり食べる個体も稀に見られる。また、餌のサイズや温度にこだわる個体もいるため、個体の好みを把握しておく必要性がある。

　全長40cmほどの幼蛇には、市販されているハツカネズミの仔（商品名はピンクマウス、もしくはピンキー）などを与える。一般的に入手が容易なのは

冷凍されているものであるが、初めは活餌（生きた餌）しか食べない場合もある。それらに反応しない場合は、ヘリグロヒメトカゲやヤモリ類、アオガエルなどを与える。餌用に国外から輸入されている餌用ヤモリ（商品名はハウスゲッコー。内容は主にホオグロヤモリやヒラオヤモリ、オンナダケヤモリなど）も利用できなくはないが、本来の生息地に分布していない生物を与えるのは若干の危険性がある（ハブが抵抗力を持たない寄生虫や病原菌などを保持している可能性がある）。

　なお、国内産のシロアゴガエル（特定外来生物に指定されており、無許可での移動はできない。餌として使用しなかった場合は必ず殺処分すること）以外、外国原産の両生類であるウシガエルやオオヒキガエル、ツメガエル *Xenopus laevis*（アフリカ中南部原産。現在は和歌山県や静岡県に定着）は国内産であっても与えてはならない（幼生も不可）。

　全長70cm〜80cmの個体には、市販されている少し育ったハツカネズミの仔（商品名はピンクマウスM、L）や毛の生え始めた幼獣（商品名はファジー、ホッパー、マウスS）を与えるとよい。こちらも初めは活餌しか食べない場合がある。それらに反応しない場合はキノボリトカゲやアオガエルなどを与える。

　全長120cm〜150cmといった大型の個体には、ハツカネズミの成体（商品名はアダルトマウス、リタイヤマウス）やドブネズミ（商品名はラット）などを与える。なお、全ての個体にもいえることであるが、餌は大き過ぎない方が良い。ハブが口を開け、短時間で軽々と飲めるものが望ましい。

　ハツカネズミに餌付かせることができれば、飼育はかなり容易となる。ハツカネズミは栄養価も高く、それのみでの長期飼育が可能である。なお、冷凍された状態のものが広く流通しているが、生きた状態で与えるのが理想的である。そちらの方が反応は良いのはもちろんのこと、過剰毒牙（双牙奇形とも。本来、生え替わるべき毒牙が残ってしまう状態）を予防する効果もある。

Ⅲ－18．給餌

　ハブは神経質な一面があるため、餌の与え方には注意が必要である。時間は夕方から夜間に行い、照明などは消しておく（慣れれば日中に与えても良い）。

　生きた餌ならば、ハブから離れた場所に静かに放すか、弱らせた状態で与える。特定の位置で与え続けると、その場所を覚えるようになる。

　冷凍された餌の場合は、湯などで38℃前後に温めてから与えるようにする。ほとんどの個体は一度餌に咬みついてから放し、再度、頭部からくわえ直して飲み込むのが普通であるが、馴れてくると放すことなくそのまま飲み込む個体もいる。なお、餌を飲み込んでいる最中はハブを刺激してはいけない。危険を感じると途中で吐き出し、そのまま拒食してしまう可能性がある。

　餌に反応しない個体の場合は、ピンセットなどで与えなくてはならない場合もある。餌を鼻先周辺に持っていき、動かして刺激する。そしてハブが餌に咬みついたら放し、ハブが自分で食べるのを待つ。なお、ハブが餌に咬み付く際に、誤ってピンセットなどに当たってしまい、口内を怪我することがある。これは後に深刻な口内炎につながることがあるので、注意が必要である。餌をつかむ際にはなるべく先端部（尾の付け根など）を持ち、ピンセットも金属性のものではなく、竹製や木製、プラスチック製のものが望ましい。

　餌を与えて半日以上経っても食べない場合は取り除き、数日後に再度新しい餌を与えるのが良い。ハブに限ったことではないが、餌食いは個体によって大きな差があり、導入後すぐに食べる個体もいれば、数カ月拒食するもの、一切食べようとしないものなど様々である。

Ⅲ－19．餌の切り替え

　初めからハツカネズミに餌付いてくれればよいが、中にはカエル、トカゲ、ヤモリ、稀に鳥類にしか反応を示さない個体も存在する。それらの餌を常時用意できるならば問題ないが（ハツカネズミに比べて栄養面で劣るが）、難し

い場合はハツカネズミに切り替える必要性がある。方法としては、その個体
が一番興味を示す餌の血液や体液、糞、場合によっては皮などをハツカネズ
ミに付けて与え、徐々にその量を減らしていき、最終的にはハツカネズミを
常食させることを目的とするが、場合によっては数週間～数カ月を要するこ
ともある。

Ⅲ－20．給餌間隔

　個体の大きさや状態に左右されるが、幼蛇ならば週1回～2回、大型個体
ならば週1回程度で良いだろう。

Ⅲ－21．清掃

　清掃は給餌と共に管理の最も重要な部分である。ハブが排泄などで汚した
ら、なるべく早く掃除する。また、1カ月～数カ月に1度は床材を全て取り
換え、登り木や飼育容器を熱湯で消毒するなどの大掃除を行う。不潔な環境
では口内炎、皮膚炎、脱皮不全、拒食などを容易に引き起こす。

Ⅲ－22．脱皮

　健康な個体はおよそ1カ月に1度の割合で脱皮を行う。脱皮前は全身の色
がくすみ、眼球が白濁し、餌を食べない場合が多い（食べるものもいる）。個
体によっては性質が荒くなるものもいる。飼育容器内に設置された登り木や
水入れ、隠れ家などに体を擦りつけるようにし、頭部から古い皮を脱いでゆ
く。
　脱皮はヘビの成長過程において重要な生理現象であるから、脱皮前（およ
び脱皮中も）は刺激してはならない。また、脱皮殻は早めに取り除くように
する。なお、脱皮と同時に排泄を行う個体が多い。

Ⅲ－23. 冬季の管理

　野生下のハブは冬季の活動性が鈍くなるが、完全な冬眠はしない。飼育下でも、それらを再現することは可能ではあるが、やや難易度が高い。低温にさらされることにより抵抗力が落ちて口内炎や脱皮不全を引き起こす場合や、温度調節に失敗して状態を悪化させてしまう危険性がある。必要に迫られない限り、冬季も保温して飼育するのが良いだろう。

　低温処理を行う場合は、8月〜10月までに餌を多量に与えて体力を蓄えさせる。11月は餌を与えず、糞を体外へ排出させる。12月から徐々に温度を落とし、最終的には14℃〜16℃前後に保つ。飼育容器内に大きめの隠れ家を設置し、その中で落ち着かせるとよい。低温処理中は照明を当てず、なるべく刺激しないよう注意が必要である。なお、餌は食べないが水は飲むので、飲み水は常に新鮮なものを用意しておく。

　3月〜4月にかけて徐々に温度を上げ、通常の飼育温度に戻す。低温処理明けは脱皮するのが普通であり、脱皮の終了後に給餌を行うが、体力を消耗している可能性があるので、初めは通常よりも小さめの餌を与えるのがよい。なお、詳細は分かっていないが、低温処理は繁殖の引き金となる可能性が高い。

Ⅲ－24. 繁殖および卵の管理

　ハブの繁殖に関しては不明な部分が多く、飼育下での繁殖例はほとんどない。国内外のわずかな情報を集約するしかないのが現状である。

　繁殖に適したサイズであるが、雌雄ともに120cm以上と思われる。通常は雌雄別々に飼育し、4月〜6月頃、雌が脱皮を終えた直後に雄を雌の飼育容器に放す。雄が雌に興味を示した場合、ゆっくりと近づいていき、雌に寄り添うようにして共に塒を巻くようになる。その後（多くの場合は夜間）、雄が雌に絡まるようにして求愛を行う。もしも雌が受け入れた場合は尾を基部から浮かせるが、雌が逃げ惑うようならば雄は取り出さねばならない。交尾は長

時間続くが、一度きりとは限らないので、数日間、同居させるとよい。なお、その間は極力刺激せず、餌も与えてはならない。

　交尾が成功すると、およそ３カ月後に雌は産卵を行う。大きめの隠れ家に水苔などをやや深く（３cm～５cm程度）敷き詰めた産卵床を飼育容器内に設置する。適切な産卵場所がないと水中などに産卵してしまう場合がある。ハブは妊娠中や産卵中は特に神経質になっているので、刺激してはならない。

　産卵後は温度と湿度に注意しながら数日間、経過を観察し、異常がなければ卵を取り出すが、すでに卵内で胚の位置が決定しているので、卵を回転させてはならない。卵の上面にペンなどで印をつけておくのが良いだろう。卵は暗所で管理し、温度は28℃前後、湿度は80％～90％に保つようにする。近年は爬虫類専用の孵卵器も販売されており、それらを利用してもよい。

　孵化用の床材は水苔などでも可能であるが、爬虫類専用のものが販売されており、そちらの方が湿度の管理が容易である。また、園芸用のパーライト（Parlite：発泡体）なども利用できる。順調であれば40日前後で卵から幼蛇が孵り、一回目の脱皮の後より餌を食べるようになる。

Ⅲ－25.　拒食

　ハブは神経質であり、比較的拒食状態に陥りやすい。その原因は環境の変化によるストレスが原因であることが多い。ハブが拒食してしまったら、まずは温度、湿度、床材、餌の種類、隠れ家の大きさ、飼育容器の大きさなど飼育環境を見直す必要がある。

Ⅲ－26.　強制給餌

　強制給餌とは、餌を食べない個体に対して行うものであり、ハブにも人間にも危険の伴う最後の手段であるので、それなりの技術を有する作業である。

　強制給餌をどのタイミングで行うかは見定めの難しいところではあるが、活動期であるにもかかわらず、幼蛇で１カ月、80cm以上の個体で２カ月以上拒食し、背骨が浮きはじめ、体の断面が三角形になりはじめたら、危険な兆

候であろう。

　方法であるが、右利きならばハブの頸部を左手で固定する。ほとんどの個体は攻撃のため、この時点で口を開けてくれるので、右手でピンクマウスをピンセットで摘み、口元へ持っていく（幼蛇の場合などはピンクマウスの頭部を用いる）。ハブが咬みついたら、慎重に喉の奥に押し込む。体力のある個体ならば、そのまま飲み込むが、そうでない場合は、さらに奥の食道まで押し込む。その後は指で腹側を慎重に撫でるようにして、胃まで押し込んでやる必要がある。中途半端に行うと、ハブが後に餌を吐き出し、余計な体力を使わせてしまうことになるので注意する。稀に口を開けないハブがいるが、その場合は竹ヘラなどを用いて慎重にハブの口を開く必要があるが、この場合は１人では難しいので２人がかりで行うのが良い。

　強制給餌は週に１回〜２回ほどの間隔で、ハブの体力が回復するまで続ける必要がある。余談であるが、ハブが初めて飼育された頃（1900年代初頭）には、ハブの飼育情報などあるはずもなく、捕獲されたハブは餌をほとんど食べなかった。そこで牛肉１斤、鶏卵５個、牛乳１合を混ぜたものをハブ20匹分の食料として強制給餌を行っていた。これらの餌が適切とはいえないが、鶏卵のみの強制給餌で10年以上生存した個体も記録されている。

Ⅲ－27. 脱皮不全

　脱皮不全はハブに起こりやすい症状の一つである。原因としては湿度不足、ストレス、個体の衰弱などが考えられる。脱皮不全に陥った場合はハブを１日〜２日ほど水に漬け、古い皮膚をふやかしてから、取り除いてやる必要がある。その際は鱗の向きに逆らうことなく、頭部から尾に沿って行う。

Ⅲ－28. 皮膚病

　擦り傷や脱皮時に残った皮などがある場合、不衛生な環境下では容易に皮膚炎にかかってしまう。個体が健康で軽度の場合は抗菌軟膏を患部に塗るなどの局所処置を行えば数回の脱皮で治癒する。重度の場合は血液内に抗生物

質を投与し、場合によっては外科的な処置が必要になる場合がある。

Ⅲ－29.　便秘

　ハブ属ではあまり見られないが、アフリカクサリヘビ属 *Bitis* では比較的よく見られる症状の一つである。便秘の原因は食べ過ぎと運動不足である。様々な治療法があるが、まずは飼育容器内の湿度を上げてやると良い。30℃程度のぬるま湯に1時間〜24時間ほど浸けておけば糞をすることも多い。これらの方法でも排便しない場合は、ハブの胃内に鉱油を注入する（体重1kgに対し1㎖。餌を食べる場合は餌となるハツカネズミの体内に注入する）という方法もあるが、安全性に疑問が残る。

Ⅲ－30.　吐き戻し

　ハブに限らず、ヘビ類は丸のみに特化した食べ方をしており、逆に言えば異常を感じれば吐き戻すことも可能である。飼育下の健康なハブが一度食べた餌を吐き戻す場合、いくつかの理由が考えられる。
　①気温が低い、もしくは高い
　②餌の温度が低い、もしくは熱い
　③餌が大きすぎる
　④餌を食べた後に何らかの刺激を受けたことによるストレス
　⑤餌が劣化していた
　ハブに限らず、ヘビ類が餌を吐き戻した場合は異常事態である。そのまま拒食や病気につながることもあるので、飼育状況を早急に改善する必要がある。なお、吐き戻した餌の再利用（再冷凍や他の個体に与えること）はしてはならない。

Ⅲ－31.　マウスロット

　マウスロット（Mouth rot：もしくはMouth rodとも）とは爬虫類の口内炎

のことであり、飼育されているヘビ類によく見られる症状の一つである。抵抗力の弱っている時や、冬季に発症することが多い。

　原因は様々であるが、一般的には吻端に何らかの衝撃を受けた時に傷ができ、そこから化膿する場合が多いが、クサリヘビ科の毒蛇では過剰毒牙から発症することもある。先述したように毒牙は定期的に生え替わるが、飼育下では生え替わりがうまくいかず、2本〜4本の毒牙を1カ所に蓄えてしまい、その根元から炎症、化膿してしまう場合がある。飼育下ではアフリカクサリヘビ属に比較的多く見られ、稀にハブ属でも見られる（毒牙ではないが、ミドリニシキヘビ *Morelia viridis* など長い牙を持つ種類でも同様の症状が見られる場合がある）。

　症状としては、食欲不振、腫れ、口が正常に閉まらない、よだれが出る、口内にチーズ状の膿がたまる、など。髄膜炎に発展する場合もあり、場合によっては他のヘビ類に感染することもある。

　一般的な治療方法としては、ハブを固定して口を開けさせ、約20倍〜30倍に希釈したポビドンヨードで洗浄、抗生物質の投与などがあり、治療期間は飼育温度を高めに設定するが、毒牙周辺にマウスロットが発生してしまうと治療が難しい。日頃から活餌を与えることにより、過剰毒牙を予防することができる（毒牙が餌の体に刺さった時、餌の筋肉が収縮し、古い毒牙が自然に取り除かれる）。

　毒蛇の治療は危険を伴い、実際に治療時に咬まれる（毒牙が刺さる）ことは少なくない。特にハブを含む可動性の毒牙を持つクサリヘビ科は危険性が高くなる。

Ⅲ−32. 外部寄生虫

　野生で採集されたハブには、皮膚にダニが付いている場合がある。特に注意すべき個所は排泄腔周辺、眼球周辺である。大きなダニであれば、ピンセットで取り除くことができるが、小さなものは水200ccに食酢5ccを溶かしたものにハブの体を漬けるという方法もある。専門の薬剤（ジクロルボスなど）もあるが使用には危険を伴う。導入時に極力取り除き、日々の管理清掃を徹

底することにより、ダニの発生を抑えることは可能である。

Ⅲ－33.　内部寄生虫

　ハブのみならず、ヘビ類の体内には条虫や線虫など、何らかの寄生虫が存在するのが普通である。通常は特に問題にはならないが、飼育下ではストレスや栄養の偏り、不適切な飼育環境などにより、内部寄生虫の活動と宿主とのバランスが崩れてしまうことがある。主な症状としては、食欲不全や急激な体重低下の他、餌を与えても体重が増加せず、緑便、軟便、下痢便などを繰り返し、最悪の場合は死に至ることもある。治療法としては獣医師に相談し、薬剤（メトロニダゾールやメベンダゾール、プラジカンテルなど）を投与することになるが、危険も伴うので慎重な判断が必要である。

Ⅲ－34.　ハブの無毒化

　愛玩を目的とした毒蛇の無毒化は、主に欧米などで1990年初頭には行われていた技術である。主にガラガラヘビ属やフードコブラ属などで実施され、施術後5年経過しても毒腺の再生は見られなかった。ハブでも国内で実験的な記録がある。ハブに麻酔をかけ、眼球の下方4㎜のあたりを水平に5㎜ほど切開し、毒腺を電気メスやレーザーメスで切除するというものである。しかしながら、ヘビにとって毒液は消化液でもあり、一部の種類（ガラガラヘビ属やアメリカマムシ属）では毒腺除去を行った結果、消化不良と思われる症状に陥り、短期間で死亡したという報告もある。筆者の個人的な意見であるが、本来の能力を奪ってまで野生動物を飼育する必要があるとは思えない。

Ⅲ－35.　他の国産陸棲毒蛇との比較

　以下に日本産および日本国内で発見例のある陸棲毒蛇の飼育難易度の比較を簡潔に示す（表3）。筆者は経験上、最も飼育の容易な国産陸棲毒蛇はヒメハブであり、最も飼育が困難なのはヒャンであると考えている（適正環境が

表3　日本産および日本国内で発見例のある陸棲毒蛇の飼育難易度の比較

種名	飼育難易度	主な餌	概要
ハブ	やや難しい	マウス等	10年以上の飼育記録がある。大型で攻撃的であり、やや扱いにくい。
トカラハブ	やや難しい	マウス等	10年以上の飼育記録がある。比較的おとなしいが、動きが速く、やや扱いにくい。
サキシマハブ	やや難しい	マウス等	10年以上の飼育記録がある。比較的大人しいが、動きが速く、やや扱いにくい。
タイワンハブ	やや難しい	マウス等	10年以上の飼育記録がある。攻撃的で扱いにくい。特定外来生物に指定されている。
ヒメハブ	比較的容易	マウス等	10年以上の飼育記録がある。重量感はあるが扱いやすい。クサリヘビ飼育の入門種の存在だが、餌の与え過ぎによる栄養過多には注意が必要。
マムシ	普通	マウス等	10年以上の飼育記録がある。神経質な一面はあるものの、飼育そのものは難しくない。
ツシママムシ	やや難しい	マウス、カエル等	神経質で餌付けにくい。動きが速く、やや扱いにくい。魚類も捕食する。
ヤマカガシ	普通	カエル等	10年以上の飼育記録がある。性質はおとなしいものが多く扱いやすいが、餌はカエルなどを中心に与えないと、長期飼育は難しい。幼蛇は魚類も食べる。
ガラスヒバァ	普通	カエル等	性質はおとなしいものが多く、扱いやすいが餌はカエルなどを中心に与えないと、長期飼育は難しい。幼蛇は魚類も食べる。
ミナミオオガシラ	普通	マウス、ヤモリ等	樹上性で動きはやや速いが、比較的扱いやすい。幼蛇はヤモリ類を好む。特定外来生物に指定されている。
ヒャン	難しい	トカゲ類	性質はおとなしいものが多く、扱いやすいが餌には小型の爬虫類が必要となる。半地中性であり、環境が把握しにくい。筆者の知る最長飼育記録は約3年。
イワサキワモンベニヘビ	普通	小型爬虫類	性質はおとなしいものが多く、扱いやすいが餌にはヘビやトカゲなどの爬虫類が必要となる。半地中性で乾燥に弱い。筆者の知る最長飼育記録は約5年。
タイコブラ	比較的容易	マウス、爬虫類等	10年以上の飼育記録がある。性質はやや荒く、扱いにくい一面があるが、人馴れしやすい。マウスに餌付かせれば、飼育そのものは難しくない。単独飼育を行う。

把握しにくく、餌もヘリグロヒメトカゲなど特定のものを好む傾向が強い)。

　ニホンマムシはさほど難しくはないが、近縁種であるツシママムシは餌付けるのが困難な場合が多い(食べない場合は強制給餌を続ける必要はあるが、管理そのものは難しくない)。イワサキワモンベニヘビは半地中性の特性を理解し、適切な環境と餌 (小型爬虫類。サキシマママダラの幼蛇など) さえ用意できるならば、飼育自体は難しくはない。

　非在来種の中で最も飼育が容易なのはタイコブラであろう (原則として単独飼育などの注意点はある)。ミナミオオガシラは飼育開始当初はヤモリやトカゲなどを好む場合もあるが、ハツカネズミへの切り替えはさほど難しくはない。

　在来のユウダ科ではヤマカガシとガラスヒバァが挙げられるが、これらも適切な環境 (通常のナミヘビ類よりも広い飼育面積で、水場と陸場が明確に分かれている環境。紫外線も必要) と餌を用意できれば、さほど飼育は難しくない。

　国産ハブ属4種の飼育難易度はどれも似通っているが、やはり大型になるハブはやや扱いにくい一面がある。

第Ⅳ章
ハブにまつわる説話

　一万年以上もの間、ハブと暮らしてきた奄美群島・沖縄諸島の人々は、ハブを恐れると同時に神秘化し、伝説や民話として語り継いできた。それらの多くは学術的な根拠に乏しいものの、ハブと人間の関わりを知る上で重要なものである。前章までにもいくつか紹介したが、本章では改めて代表的なものを紹介したい。なお、同様の伝説が複数の地域に別のパターンで伝わっている（例：ハブがアカマタや龍に置き換えられている）場合もある。一部の説話には解説をつけたが、これは筆者個人の見解であり、研究者によっては別の解釈がなされる場合もある。

Ⅳ－1．生態・生息地にまつわる説話

1．"ハブが海に入るとタコになる"（奄美群島）
《解説》
　タコの模様がハブに似ているためと考えられるが、一部のタコ類（ヒョウモンダコ属 *Hapalochlaena* など）には毒性があり、それらも関係している可能性はある。なお、タコがハブになる、という真逆の説話もある。

2．"ムカデは死んだハブから生まれる"（奄美群島）
《解説》
　ハブには肋骨が多く、それらをムカデの脚に見立てたものであろう。また、ハブの新鮮な死体にはムカデが群がっている場合があり、それらも関係している可能性がある。

3．“昔、ハブは海に、オコゼは山にいた。オコゼは踏むと痛いので、取り換えた”（沖縄諸島）

《解説》

オコゼとはフサカサゴ科 Scorpaenoidae であろう。背鰭の棘条に毒腺があり、刺されれば激しく痛む。

4．“ハブとムカデは敵同士、ハブはムカデに到底かなわない”（沖縄諸島）

5．“ハブは毒をツワブキの苦汁と満潮の砂浜の泡を混ぜて作る”（奄美群島）

《解説》

ツワブキ *Farfuguim japonicum* には有毒物質であるピロリジジンアルカロイドが含まれており、古くから民間薬、囊吾として打撲や火傷に利用されてきた。

6．“ハブは昔、芋を食べたから、毒を持った”（沖縄諸島）

《解説》

この説話における芋とはサトイモ科 Araceae のクワズイモ（アロカシア）*Alocasia odora* であろう。クワズイモは「食わず芋」であり、サトイモに似ているが毒性（シュウ酸カルシウム）があって食べられないのでその名がある（東京都福祉局はクワズイモを“毒草”に分類している）。

7．“昔、ハブには目がなかった。ミミズをだまして目を奪った”（沖縄諸島）

8．“ハブは人間に千年見つからなければ、龍になれる。それ故、人間に見つかったハブは怒り狂って咬み付くのである”（奄美群島・沖縄諸島）

《解説》

各地に同様の説話がある。ハブの性質の荒さを表したものである。ハブを龍、もしくは幼龍とする伝説は少なくない。

9．“神が蛇を琉球、大和、唐の三つに分けた時、琉球は頭を、大和は真ん

中、唐は尾を得た。それゆえ、琉球のハブは咬み、大和の蛇は腹で人を打ち、唐の蛇は尾で人を刺すのだ"（沖縄諸島）

10. "ハブの鼻の穴は、最初は二つだが脱皮するたびに増えて七つまでになり、この穴が七つあるハブに咬まれれば、助からない"（沖縄諸島）

《解説》

　鼻の穴とは頬窩のことであろう。実際には頬窩の数は変わることはないが、大きな個体（頬窩がはっきりと認識できるほどの個体）に咬まれれば、それだけ危険が増すということを示しているのであろう。

11. "足のあるハブは吉兆である"（沖縄諸島）

12. "ハブは焼き殺すと、足を出す"（沖縄諸島）

《解説》

　ハブに限ったことではないが、「足の生えたヘビ」が発見されたとして、新聞などで報道されることがある。これは何らかの理由でヘビの雄の生殖器が外部に飛び出したものである。

13. "雷が鳴るとハブの卵は腐る。それ故、雷が多い年はハブが少ない"（奄美群島・沖縄諸島）

《解説》

　各地に同様の説話がある。天候がハブの活動に影響することは間違いないが、雷との関連性は不明。

14. "1個の卵から、5匹、あるいは10匹もハブが生まれることがある"（沖縄諸島）

《解説》

　一卵より双子のハブが生まれることはあるが、非常に稀である。おそらく、ハブの卵塊（出産直後のハブの卵は粘着性があり、一つの塊となって発見されることが多い）を1個の卵と勘違いしたことで生まれた説話であろう。

15. "ハブは人を咬むと、その人が死なないか心配になり、3日以内にその人の家へ様子を見に行く"（奄美群島）

16. "ハブは人を咬むと、その人が死んだかどうかを確認しにくる"（沖縄諸島）

17. "ハブはきれい好きであり、人を咬んだハブは谷川の水に浸かって穢れを洗う"（奄美群島）
《解説》
　実際にハブは多湿な環境を好み、水辺周辺で見つかることも多い。ハブが人知を超えた存在とする伝説は少なくないが、ここまで顕著な説話は珍しい。

18. "ハブ捕りで山に入ったとき、はじめて見るヘビがアカマタの時は、別の山に移らないとハブは見つからない"（沖縄諸島）
《解説》
　おそらく比較的新しい説話であろう。実際はハブもアカマタを捕食し、アカマタも自身より大きなハブからは逃げる。

19. "昔、ハブが人間を咬もうと待ち構えていた。そこへ蟻が現れ、「人間は利口だから、咬まれるはずがない」と言った。怒ったハブと蟻は争いになり、多くの蟻がハブに咬み付いて苦しめた。そこへ虫が通りかかり、ハブに「水の中へ入れば蟻は死ぬはずだ」と教えた。言われたとおりハブは水の中へ入り、蟻は溺れて死んでしまう。蟻はこの恨みから、今でも虫を見つけると群がって食い付く"（沖縄諸島）

20. "昔、山道でハブを見つけた蟻が言った。「ハブよ、お前は何をしているのか？」。ハブは答えた。「人間どもが巣穴を荒らすので、咬み付いてやるのだ」。すると蟻は「人間は生き物の神だから、咬み付いてはいけない」と言った。これを聞いたハブは大いに怒り、蟻を殺そうとした。そこで蟻は

ハブの鱗全部に食い込んだ。痛くて苦しんでいるハブの前に、１匹の虫が現れて「苦しんでいるなら水の中に入ればいい」。ハブはすぐさま水に入り、蟻を殺すことができた。以来、蟻はハブに告げ口した虫を恨み、虫をいつでも食い殺してやろうとするのだ”（沖縄諸島）

《解説》

実際に蟻の仲間は昆虫の中でも獰猛な部類に属し、ハブを含め多くの動物は蟻を忌避する。また、ハブは水場を好み、蟻は水に弱いのも事実である。ハブに告げ口した虫に関する詳細は不明であるが、一説ではキリギリス（もしくはセミ）と伝えられている。

21.　“お祭りの日、天の神が人間への贈り物として、スディ水（若返りの水）を用意し、それをヒバリに運ばせた。空から舞い降りたヒバリは人間を探す途中、草むらにイチゴがなっているのを見つけ、立ち寄ってついばもうとしたら、ハブが出てきた。驚いたヒバリは若返りの水を落としてハブに浴びせてしまう。ようやく人間に届けられた若返りの水はほんのわずかで、人間の指先を濡らす程度。おかげで人間の爪は一生伸び続け、寿命は短くなってしまった。そしてハブは一年に何回も脱皮で若返り、つやつやの体で長生きすることになった。ヒバリの声が悲しげなのは、このことを悔やんでいるからだ”（沖縄諸島）

22.　“昔、スズメとヒバリは兄弟であった。スズメが兄であり、ヒバリが弟だった。ある日、神がヒバリに「若返りの薬を人間の体に塗ってくるように」と命じた。ヒバリは人間の住む場所へ向かったが、ある畑で赤く実ったイチゴを見つけ、薬を道端においてイチゴを食べに行った。すると道の外れからハブが現れ、若返りの薬を体中に塗った。ヒバリは薬を失くしてしまったことを神に詫びたが許されず、罰として３日間、縄で足を縛られ、足が短くなってしまった。次にスズメが神に呼ばれ、「残った若返りの薬を人間の手の先、足の先、頭に塗ってくるように」と命じた。スズメはその役割を果たしたため、神から白い手拭いを頂いた。それ以降スズメの首は白くなり、神の家の軒下に住むことが認められたが、ヒバリは野の鳥とし

て暮らさなければならなくなった”（沖縄諸島）

《解説》

　実際には沖縄諸島にヒバリ *Alauda arvensis* は生息しておらず（冬鳥として
わずかに飛来する程度）、セッカが一般にヒバリと呼ばれている。同様の説話
は宮古島にも伝わっており、その場合ハブはサキシマスジオに置き換えられ
る。ヘビ類を不死とする伝説は世界各地に存在する。また、神が人間に天啓
として移動性の高い動物を送り込み、失敗するという内容も世界各地に伝
わっている。

23. “昔、オーナジャー（リュウキュウアオヘビ）とガラスヒバァの2匹は、
　　山で人間を待ち構えていたハブに出会った。ハブが2匹に「人間を見かけ
　　なかったか？」と問うと、ガラスヒバァは「見かけた」と答えたが、オー
　　ナジャーは人間をかばって「見かけなかった」と言った。それぞれの答え
　　がまちまちなので物議となったが、ちょうどそこへ通りかかった人間によ
　　りハブとガラスヒバァは殺されてしまった。それ以来、オーナジャーは人
　　間の味方となり、ハブの居所に人間が近づくと、オーナジャーが知らせて
　　くれるようになった”（沖縄諸島）

《解説》

　リュウキュウアオヘビは主にミミズ類を捕食する無害な種類である。ガラ
スヒバァは近年、潜在的な危険性を秘めた毒蛇であることが判明しており、
人間への被害も数例知られている。

24. “ハブの交尾に出くわしたら、着ている着物を脱ぎ、交尾しているハブを
　　覆い隠さねばならない。さもないと凶事を招く。もしくは立ち所に死ぬ”
　　（沖縄諸島）

《解説》

　ハブはたくさんいるのに、その交尾を見た者がほとんどいないことから生
まれた説話であろう。インドなどでは逆に、ヘビ類の交尾を目撃することは
吉兆とされている。

25. "旧暦の４月と10月は、ハブが結婚式を挙げているから、山に入ってはな
　らない"（沖縄諸島）

《解説》

　実際に４月、10月はハブの咬傷被害が多い月であるが、沖縄諸島における
ハブの繁殖期は３月〜６月である。

26. "かつて、世の主加那志の一人娘が青年と恋に落ちた。ところが、その青
　年はハブの化身であることが分かり、世の主加那志は大変に怒って蛇退治
　をすることになった。しかし、１匹のウサギは長い耳でそれを聞き取って、
　ハブに教えてしまった。ハブたちはすぐさま山奥の岩穴に身を隠して難を
　逃れたが、ウサギはたちまち捕まえられてしまい、秘密を立ち聞きした罪
　として長い耳を切られ、早足で通報した罪で足を短く切られ、善良な他の
　ウサギと見分けるため体には鍋黒を塗られるという三つの罰を受けた。こ
　れがクロウサギの元祖となった。そして、ハブの一族はその恩に報いるた
　め、クロウサギを一切傷つけないことにし、また、一緒の洞の中でクロウ
　サギを護るようになった"（奄美群島）

27. "ハブは寒がりなので、冬になるとクロウサギに温めてもらう"（奄美群
　島）

《解説》

　稀ではあるが、ハブがアマミノクロウサギの巣穴から発見されることがあ
り、そこから創造されたものであろう。実によくできているが、実際にはハ
ブがアマミノクロウサギの巣を一時的に利用しているに過ぎず、時としてア
マミノクロウサギを捕食することもある。

28. "昔々、続く日照りに苦しむハブがいた。そこへアカショウビンがやって
　きて、雨をくれた。それ以来、アカショウビンが飛んでいるときは、ハブ
　はおとなしくするようになった"（沖縄諸島）

《解説》

　実際はハブによるアカショウビンの捕食例があり、同時にアカショウビン

もヘビ類の幼蛇を捕食することがある。なお、アカショウビンは一部の地域で"アメフレ（雨降れ）"の俗称があるが、その由来にハブは関係しない。

29. "昔々、沖縄の那覇にオーヌヤマ（奥武山）という島があり、そこには数多くのミミズが住んでいた。ある夜、ミミズの仲間が宴会を行うことになり、トントンミーとワタブーという2匹のミミズが少し遅れて宴会にやってきた。皆が楽しく飲み食いしていると、1匹の年寄りミミズが悲しそうな顔をしていた。聞いてみれば、「ミミズの数が増えて悲しい。ミミズはどんどん増えるのに、島は大きくならない。食べ物もない」ということだった。その話を聞いた他のミミズたちも悲しくなり、皆で泣き出した。

　その頃、浜の近くでは1匹のハブが酔っ払って眠っていた。すると、山の方から水が流れてきて、ハブは寝ている間に海へ流されてしまった。びっくりしたハブはやっとの思いで岸に上がり、水の流れてきた山の方へ登って行った。するとそこには、大勢のミミズたちが泣いているではないか。さっきの水はミミズたちの涙だったのだ。ミミズに理由を聞いたハブは、ミミズたちを浜へ連れて行き、海の向こうに見えるワタンジ（渡地）という島に行けば、食べ物もたくさんあることを教えてやった。

　半信半疑だったミミズたちは、若いトントンミーとワタブーに島を渡り、様子を見て来てもらうことにした。2匹のミミズは落ち葉に乗って海を渡り、やっとの思いでワタンジに辿りつき、そこにはオーヌヤマよりもずっと広くておいしい土があることを知った。その後ミミズたちは渡地に渡り、何不自由なく暮らすことができた"（沖縄諸島）

《解説》

　ハブが他の動物を助けるという珍しい内容である。"トントンミー"とはトビハゼ属 *Periophthalmus* の俗称でもあり、"ワタブー"とは沖縄の方言で腹の出ている人、という意味もある。なお、奥武山とは奥武島のことであり、沖縄本島南部に位置する島で沖縄本島とは100mほどしか離れていない。渡地とは那覇港周辺の旧名である。

30. "奄美では山道を歩くとき、お客や女を先頭に歩かせる。なぜならば、ハ

ブに咬まれるのはいつも 3 番目の人だからだ"（奄美群島）

31. "ハブは大変音楽を好むという。野原で縦笛を吹くと多くのハブが集まっ
　　て聞き惚れるという。また、蛇皮線弾きが夜間無灯火で隣の部落に遊びに
　　行くが、どんなハブ原を通っても咬まれることがない。これもハブが音楽
　　を愛するが故である"（奄美群島）

《解説》
　　毒蛇（もしくは蛇龍）が音楽を愛するというのはアジア一帯に広く伝わる
伝説である。しかしながら、実際は耳殻と耳穴を持たないヘビに音楽は聞こ
えない。

32. "大昔のこと、大和朝廷が琉球王に「ハブを捕らえて献上せよ」と命じ
　　た。王は早速、家来に命じて 3 匹のハブを生け捕りにし、金のタガをはめ
　　た唐焼の壺に入れ、大勢の家来と共に大船で旅立たせた。しかし、船は奄
　　美大島に差し掛かった時、一塊の暗雲が湧き出て台風を起こし、船は沈没
　　して人も皆海に飲まれてしまった。しかし、ハブの入った壺だけは一片の
　　舟板に乗って波に運ばれ、伊離離れ（枝手久島）の海岸に打ち上げられる。
　　そして、壺から這いだしたハブはそこから本島へと渡っていった"（奄美群
　　島）

33. "昔々、琉球の王は大和の殿様にハブを献上することを思いつき、島で最
　　も美しい、若ハブを探すようお触れを出した。そして、選ばれた銀色に輝
　　くハブの夫婦は丸い樽に入れられ、金でできたタガがはめられた。しかし、
　　ハブを乗せた船は時化に遭い、難破してしまう。人間は皆死んでしまった
　　が、ハブを入れた樽はハナレ（枝手久島）に漂着し、ハブの夫婦はそこで
　　繁栄する。その後、ハブの子孫たちは対岸の宇検村に渡り、遂には奄美の
　　全てに棲むようになった。その歴史から、ハナレのハブは他の島のハブよ
　　りも大きく、模様も美しいため、他の島のハブからも一目置かれているの
　　である。なお、ハブを運んできた樽に付けられた金のタガは今でもハナレ
　　のどこかに転がっていて、夜な夜な怪しい光を放っているのである"（奄美

群島）

《解説》

　現在でも枝手久島が奄美群島におけるハブ発祥の地と一部で信じられているが、事実ではない。しかしながら、枝手久島は東シナ海最大の無人島であり（昭和時代に夫婦2人が住んでいた記録がある）、良好な自然が保全されているため、ハブの大型個体が数多く生息している可能性はある。

34．"奄美市住用町市にあるトゥブラ（トビラ）島にだけハブがいないのは、この島が喜界島から流れて来たから"（奄美群島）

《解説》

　トゥブラ島の正式名称は無二島。別の伝説では市の女神が喜界の女神から手に入れたとも。いずれにせよ、非常に小さな島なので、ハブのような大型生物は生息できないだろう。

35．"昔、一匹のハブを渡嘉敷、阿波連、前島の三つの村でくじ引きをして分けた。前島は真ん中、渡嘉敷は頭、阿波連は尾が当たった。渡嘉敷と阿波連は頭と尾がつながってハブが棲むようになり、前島は真ん中が当たったのでハブが棲めなくなった。前島の印良苅の御嶽にある伊利の畑にはその時のハブの真ん中が埋められているから、近づいてはいけない"（沖縄諸島）

36．"ハブの棲んでいる島と、棲んでいない島がある。ハブが棲んでいない島は、神様の守りが強い島で、ハブが入り込もうとしても、浜辺で死んでしまう。また、ハブを持ち込もうとした人間には、たちどころに神罰が下る"（沖縄諸島）

《解説》

　ハブの飛び石的な分布から創作されたものだろう。実際にはハブの分布は間氷期における海進の影響と考えられており、現在ハブが生息していない島でハブが今後生息できないという科学的根拠はない。

37. "ハブの通る道を「ハブ道」という。一度この道が造られれば、2 年間は雨が降っても消えることはない"（奄美群島・沖縄諸島）

38. "ハブは輪になって転がりながら、人を追いかけてくる"（沖縄諸島）

《解説》

事実ではないが、本州や四国、九州に伝わる伝説のヘビ "槌の子" の生態によく似た話であり、興味深い。

39. "ハブの子は風（空気）だけを吸って生きている"（奄美群島・沖縄諸島）

《解説》

ハブが絶食に強く、水だけで何カ月も生存できることから生まれた説話であろう。

40. "昔、神は足の数を、ハブにはなし、ウコール（香炉）には 4 本、鳥には 2 本、ムカデには100本、猫には 4 本、犬には 3 本と決めた。しかし、3 本の足しかない犬は大変に困り、神様に「もう 1 本授けて欲しい」と願った。困った神はまず、ムカデに頼んだが「私が器用に動けるのはこの足のおかげです。1 本も譲れません」と断った。次に、猫に頼んだが「足が 4 本でなければネズミを捕れません」と断った。最後に、ウコールに頼んだら「私は出歩くこともありませんから、犬に足を 1 本差し上げましょう」と言ってくれた。それ以降、犬はウコールからもらった大事な足を汚さないよう、小便をするときは片足をあげるようになった"（沖縄諸島）

41. "ハブは鳥を食べるとき、「コッコッコッ」と鳴き、鳥を安心させてから襲う"

《解説》

実際には声帯がないので声を出すことはないが、威嚇時などに奮起音を発することはある。類似した説話ではネズミがハブに気付くとコトコトと声を出し、仲間に危険を知らせるというものがある。

42. "徳之島の山奥には大きなハブワラがあり、入ると命はない"
《解説》
　ハブワラとはハブが多数棲み着いている場所を示す。戦時中の塹壕（ざんごう）や放置された納屋などがハブワラになりやすい。

Ⅳ－2．神・呪いにまつわる説話

１．"ハブの夢、またはハブに咬まれる夢は吉兆である"（沖縄諸島）
《解説》
　自分が死ぬ夢や事故に遭う夢を吉兆と考える習慣は、沖縄以外にも広く存在する。

２．"猫の夢を見た時に山へ行くとハブに咬まれる"（奄美群島・沖縄諸島）
《解説》
　各地に同様の説話がある。イエネコは古くから人々に愛されるとともに、吉凶を示す動物とされてきた。ハブとイエネコにさほど関連性はないと思われるが、稀にハブによるイエネコの捕食例があり、逆にイエネコがハブ（おそらく死体）を捕食していた例もある。

３．"水神はハブと最も深い関係にあり、祈願不足は祟りとして、ハブを使わす"（奄美群島・沖縄諸島）
《解説》
　各地に同様の説話がある。水神や海神など、水に関連した神仏に蛇（主に毒蛇）が何らかの形で関わっている（もしくは神そのものとされる）ことは、アジア全域で広く見られる文化である。

４．"古い墓を放置して祀らなかったり、墓を移動する際に骨を見逃したり、七回忌を忘れたりすると、祟りでハブに咬まれる"（奄美群島・沖縄諸島）
《解説》
　各地に同様の説話がある。神や死者を侮辱したものには、神がハブを用い

て罰するという伝説は多く存在する。

5．"徳之島で田畑の境界線を言い争うことをイイユデといい、その呪いに
　　よってハブに咬まれる"（奄美群島）

6．"不浄の身で神に近付くと、神は不浄を遠ざけるため、ハブを使わす"（沖
　　縄諸島）

7．"昔の祝女は、よくハブを制し、アヤナギを這わすと言ってアラレボ（十
　　五、六歳の娘たちで祝女の従者）たちの頭髪にハブを巻き付けた"（奄美群
　　島）

8．"古来、祝女とその家族にはハブが咬み付くことはなかった。しかし、あ
　　る日、大熊の万千代祈女が寝ていた蚊帳の上に、大きなハブがとぐろを巻
　　いていた。万千代祈女は跳ね起きて線香をともして神前にひざまずいて
　　祈った。万千代祈女は数日前、長男の働きの悪さに対し、下司でも使わな
　　いような悪口雑言で罵ってしまった。神に仕える者は和顔愛語で通さねば
　　ならぬのに、である。万千代祈女が深く反省し、神前から立ち上がって蚊
　　帳を見ると、ハブはどこかへ姿を消していた。ハブが現れたのは神の戒め
　　であった"（奄美群島）

9．"宇検村の大祈女「ごぼうあや」は大変神高い女であった。この祈女はい
　　つどこでもハブを呼び出すことができた。そして、この祈女の前のハブは、
　　まるで慈母の前における赤子のように、肩に這いあがったり、懐で甘えた
　　りしていたという"（奄美群島）

10．"住用村和瀬の祈女の息子が、ある人から盗みをしたという汚名を着せら
　　れた。祈女は早速行って、自分の息子に限って絶対にそんなことはしない
　　と強く抗議したが、「あなたの子供しか現場にいなかったから、盗んだのは
　　間違いない」と言われた。祈女は無念やる方なく、家に戻って神前に香を

あげて、「白黒のしるしを表して下さい。自分の子供が罪を犯しているなら、命も惜しみません。神の裁きを願います」と一晩中祈った。その夜の明け方、相手方の家に大きなキンハブが入り込み、そこの子供を咬んで命を奪った"（奄美群島）

11. "加計呂麻島のノロは祭祀の聞き取りで、広場で拝聴して待つ人々にハブを掌にのせて見せて歩き、乱暴を働く厄介者にハブを投げつけたりした"（奄美群島）

《解説》

　ハブと祈女（ノロ）に関する逸話は多い。特にハブが永く信仰されていた奄美群島に多いが、同様の逸話は本土や八重山諸島にもあり、その場合はハブがマムシやサキシマハブに置き換えられる。類似した伝説は東南アジアにも広く伝わっている。

12. "継子と実子が親の言いつけで潮汲みに行かされた。途中、草原で火に焼かれて苦しんでいるハブを見つけるが、実子は知らぬふりをして助けなかった。継子は汲んで来た海水で火を消し、ハブを助けた。継子はハブから御礼としてハブ除けの呪文を教えてもらい、長生きすることができた"（沖縄諸島）

13. "小さい子ハブを、数人の子供たちが捕まえて遊んでいた。それを見つけたゴデ様はハブを買い取り、「あんたは、こういう所へ来ては危ないから、決して来てはいけない」と言って逃がしてやった。その翌日、親ハブが人間に化けてやってきて「前の晩はありがとうございます。おかげで子供の命が助かった。自分もできるだけのことはしたい。自分はハブです。もしもお疑いなら、この場でハブになって見せましょう。決してゴデ様を咬んだりはいたしません」――こう言って、ハブになった。そして再び人間の姿に戻り「ゴデ様はどこへ行っても、けっこうな時代になる。私はゴデ様の恩を忘れない」と言った。それ故、誰であっても俵へ行くときも須古茂へ行く時も「ゴデ様である。ゴデ様の末孫どう」と言って行けば、ハブに

咬まれることはない"（奄美群島）

14.　"昔、豆腐を作るために海水を運んでいた女が、アダンの林から煙が上
　　がっていることに気がついた。女が覗いてみると、火に囲まれて逃げられ
　　なくなった大きなハブがいた。気の毒に思った女は持っていた海水で火を
　　消し、ハブを助けてやった。しばらくして、女がサツマイモを掘っている
　　と、自分の赤子の笑い声が聞こえてきた。女が子供を見に行くと、赤子の
　　傍らには大きなハブがいた。赤子はハブの首をつかみながら、揺れるハブ
　　の尾を見て楽しんでいたのだ。女に気づいたハブは「この前の恩返しに、
　　ハブに咬まれないおまじないを教えましょう。山道を歩くときは『潮汲み
　　の子孫である。私が上の道を通るときは、下の道を通れ。私が上の道を通
　　るときは、下の道を通れ。ジホー、ジホー、ジホー』と言えば、ハブに咬
　　まれることはありません」と言った。その後、この女と家族はハブに咬ま
　　れることはなかった。そして、ハブの首が細いのは、このとき赤子に強く
　　握られたからである"（沖縄諸島）

《解説》

　ハブ除けの呪文は各地に伝わっており、それらの出自が助けたハブ自身か
らという場合も少なくない。ハブに限ったことではないが、毒蛇は人間に唐
突に出会うと攻撃態勢を整える。しかしながら、人間側が時間を与えれば、
毒蛇の方から逃げていくのが普通である。故に、ハブに出会ってから呪文を
唱えれば、その間にハブが逃げる。ということになるだろう。

15.　"大昔、島には赤い実のなる木が生えていた。天の神が人間たちに「その
　　実は毒だから絶対に食べてはならない」と禁じていたが、翼を持ったハブ
　　が飛んできて、ある夫婦に「その実は毒なんかない。食べるなというのは、
　　天の神が独り占めしたいからだ」とそそのかした。まず女が食べた。おい
　　しかったので、次に男も食べてみたが、うまく喉を通らずに途中でひっか
　　かった。これを見た天の神は大変怒って、男には「お前は一生、その実を
　　喉にかからせ」、女には「お前が子種を生むときには、うんと苦しめ」と罰
　　を下した。それで男には喉仏ができ、女はお産のときに苦しむようになっ

た”（奄美群島）

旧約聖書の『創世記』に登場するアダムとエバのような内容であり、非常に興味深い。

16. “男が桑の木の根もとで寝ているハブを見つけた。目を覚ましたハブは仙人に姿を変え、山で千年、海で千年、丘で千年過ごすと天に昇って龍になれるが、それを人に見られてはならないので、このことを決して他言しないという約束を交わし、昇天した。男は約束を守り一時は裕福になるが、ある時うっかりと口を滑らせてしまい、もとの貧乏に戻ってしまった”（沖縄諸島）

《解説》

ハブがアカマタに置き換えられた説もある。また、男が口を滑らせた直後、男の住む屋敷に雷と共に龍が堕ち、ハブに戻ってしまったという説もある。

17. “昔、とある御殿に美しい姫がおられた。御殿には二重に番人が置かれ、姫は八重も奥の部屋で暮らしていたが、夜な夜な姫の寝室が騒がしくなることに気づいた両親は、姫を問いただした。すると「毎晩、美しい男が私の部屋に来るのです。名前も知らない男です」と白状した。心配した両親は、呪い師に知恵を借りることにした。すると呪い師は「姫君は魔物に取りつかれております。長い麻の糸を針に通し、男のカタカシラ（結髪）に挿すとよいでしょう」と言い、両親はその通りにするよう、姫に命じた。翌朝、両親は男の髪に挿された一本の糸を辿っていった。その糸は御殿から遠く離れた山の麓にある洞窟に続いていた。両親が洞窟をのぞくと、そこには大きなハブが眠っていた。おどろいた両親が呪い師に再度相談すると、「姫君を海に連れて行き、誰も踏んでいない浜の砂を踏みしめて、海で体を洗いなさい」と言った。両親がそのようにすると、姫の体から何匹ものハブの仔が流れてきた。そして姫の体は清められた。3月3日のことであり、サングワチャー（三月祭）の始まりとなった”（奄美群島・沖縄諸島）

《解説》

　類似の伝説は日本各地に存在し、ハブがアカマタに置き換えられた説や、姫が産んだ子供が土主神となる説もある。現在でも沖縄諸島では旧暦3月3日は"三月祭"として女児のために重箱に馳走を詰め、浜で遊ぶ習慣がある。封建時代における女性の解放の一例と言える。

18.　"旧暦4月14日から旧暦5月4日の間は山や海に入ることを良しとしない。この物忌みはヤマドゥミ（山留め）、ウミドゥミ（海留め）と呼ばれ、守らなかったものはハブに咬まれる"（南西諸島）

《解説》

　かつては南西諸島で広く見られた習慣であったが現在では八重山諸島の一部や伊是名島などで見られる程度である。

19.　"本部半島の備瀬という集落にグスクヤマという拝所があり、そこには角の生えた大きな白いハブが棲んでおり、勝手に入れば祟りがある"（沖縄諸島）

《解説》

　戦前から戦後ほどなくまで伝わっていた逸話である。稀にハブの白化個体や白変個体が発見されるが、角のある個体は見つかっていない。

20.　"ハブの首を切り落としてはいけない。必ず祟りがある"（沖縄諸島）

21.　"殺したハブの頭は、喜界島に向けて埋めねばならない"（奄美群島）

《解説》

　ハブとして生まれたばかりに、殺されなければならなかった。このハブが今度生まれてくるときは、ハブのいない喜界島に（別の生き物として）生まれて来てほしい、という願いを込めた供養の一つ。余談であるが、喜界島は隆起性珊瑚礁の島で全島ほとんどが石灰岩で形成されており、島の周囲も珊瑚礁に囲まれた美しい島である。幕末の日本に開国を迫ったMatthew Perry提督（1794年-1858年）も琉球から浦賀に向かう折、喜界島を見て「Cleopatra island

（クレオパトラアイランド）」と呼んだという。

22. “神の使者であるハブが人を咬んだので、そのハブは神のお叱りを受けた。その時ハブは「人間が私の尾を切ったから咬んだ」と言い訳するために、自分の尾を食いちぎった。尾の短いハブがいれば、それは人を咬んだハブである”（沖縄諸島）

《解説》

尾のないハブは人を咬んだもの、もしくは凶暴なハブであると信じられている場合があるが、事実ではない。ハブに限らず、尾部の欠損は多くのヘビ類で見られる。

23. “無ン知ラ世”（奄美群島）

《解説》

「無＝無心の心」「知＝知らせる」「世＝世界」。大きな災難は小さな災難が知らせてくれる、という意味。ハブが家に入ってきたり、ハブに咬まれることは大きな災難の前触れであるから気をつけろ、という意味。

24. “宮古島の古言で虹を「ティンパウ」と呼ぶ。母神である「ティン（太陽）」と、父神である「パウ（ハブ）」とによって島々は創造された”（宮古諸島）

《解説》

1915年に来日し、宮古島を研究したロシアの言語学者のNikolai Nevsky（1892-1937）は“蛇”と“虹”という漢字の類似性に着目し、日本語の“虹”は宮古島の“天の蛇”に由来すると結論づけた。しかしながら、宮古島にはハブは産せず、他種のヘビ類も“ハブ”と呼ばれることがある。

25. “ブナガヤを怒らせると、家の中にハブを放り込まれることがある”（沖縄諸島）

《解説》

ブナガヤとはキジムナーとも呼ばれる妖怪の類。大木を住処としており、そ

れを切ったり燃やしたりすると、怒って復讐するという。自然を大切に思う
島人が生んだ説話だろうか。

26．"旧暦の5月5日の午の時、『白弗言信尊儀方（もしくは白弗言信尊儀法）』
　　と書いた木札を玄関にかければ、ハブは家の中には入ってこない"（沖縄諸
　　島）
《解説》
　尊儀とは仏や菩薩、または貴人の肖像や位牌を示し、現在でも白弗言信尊
儀方と書かれた角材が田畑に立てられていることがある。

Ⅳ－3．生活・文化にまつわる説話

1．"木の上でハブを見つけたら、生味噌を嗅がせると落ちる"（沖縄諸島）

2．"神所や聖地の木を切れば、ハブに咬まれる"（奄美群島・沖縄諸島）

3．"琉球に来るなら雨傘をさしていけ。雨よりもなおハブ除けになる"（沖
　　縄諸島）
《解説》
　明治の寄留商人（1882年頃から沖縄に来た他府県の商人。大阪と鹿児島の
出身者が主）がはやらせたともいわれている。

4．"「ハブ、ドーイ」と大声を立てれば夜中でも人が集まる"（沖縄諸島）

5．"ハブトゥヤア（ハブを捕る男）"
《解説》
　女性にすぐ手を出す男のこと。場合によっては大変なことになるという危
険性をハブに例えたもの。

6．"ハブの咬み傷にはナメクジが効く"（奄美群島）

《解説》
　由来は定かではないが、中国の道家思想の書『関尹子』に登場する "三竦" や "虫拳（現在のじゃんけんに類似した遊び。平安時代から記録があるため、日本の拳遊びで最古のものと考えられている）" と関係があるのかもしれない。

7. "家の中でハブを煮る時、天井のススが鍋に入ると毒になり、食べた人は死ぬ"（奄美群島）

8. "ハブを殺して埋めるときは、草の生えていない所に埋めよ。さもないと、草が毒を吸い上げて、毒草となる"（沖縄諸島）

9. "ハブは年を経たオオウナギが変化したものである。ウナギは夜になると陸に上がって餌を求める。それ故、奄美ではウナギを食べない風習がある"（奄美群島）

10. "昔、大島には家畜を飲み込むほど大きなウナギがいたが、人々に退治されそうになったので、ハブに化けて山奥へ逃げた"（奄美群島）

11. "ハブを捕らえ、左目を抉って飲めば精力を増す"（沖縄諸島）

12. "ハブを山道で見つけたら「棒を取ってくるから、そこで待っておれ」と言えば、ハブは動かずに待っている"（沖縄諸島）

13. "ハブに咬まれた場合、咬み付いたハブを殺さないと傷が重くなる。故に、痛みをこらえて逃げるハブを殺さなくてはならない"（沖縄諸島）

14. "ハブが人間を咬もうと待ち構えているのを男が見つけた。男が岩陰に身をひそめて様子をうかがっていると、一人の女が通りかかった。男は女を止めて、ハブを退治する。命拾いした女は御礼にと自分の家へ迎え、卵で

御馳走を作るため鶏小屋へ向かった。しかし、鶏小屋で卵を取ろうとした時、別のハブに咬まれて死んだ。この女は、ハブに咬まれる運命にあった"（沖縄諸島）

15.　"屋敷の方位や構え方が良いと、火の神、先祖の神、地神、アムト（屋敷に生えている樹）が協力し、ハブの侵入を防ぐ"（沖縄諸島）

16.　"大世の主と称する国王がハブを恐れるあまり、頑丈な塀を巡らし、高楼を造り、どこからもハブを侵入できないようにしたが、それでも時々ハブが姿を現すので、ついには居室を厚板で囲み、「これなら大丈夫」と威張っていたら、ある夜どこからどうしてもぐりこんだのか、1匹のハブが国王の寝室を襲い、その左手を咬んだ。三司官の1人が直ちに王の肘から下を切り落とし、さらには自分の腕を切って王につないだという"（奄美群島）

《解説》
　どのような権力や財産も、ハブを防ぐことはできない、ということであろうか。

17.　"奄美大島では旧暦4月の中、巳の日に「アジナネ」という折り目がある。その日は一日仕事を休んで麦菓子などをつくり、必ずニラを食べる。ニラを食べないとハブの子を宿すといわれている。これは美男に化けたハブと関係し、懐妊した娘が、ハブからニラを食べろと教えられて腹の子を堕ろしたという昔話からである"（奄美群島）

18.　"4月初の午の日はハブ除けの祭り。この日は仕事をせず、麦飯を炊きニラの味噌汁を食べて祝う。この日は長い物を引きずると、後日そこにハブが出るので、帯も一方の端を誰かに持たせて結ばなければならない。4月に午の日が2度あるときはハッマーネといって最初の日だけを忌み日とし、3度あるときはミッマーネといって3日とも忌み日とした"（奄美群島）

旧暦４月の頃は最もビタミンの不足する時期であり、この時期にビタミンが豊富なニラ *Allium tuberosum* を食べさせるための知恵であろう。

19. "首里の王が家来を連れ、小高い丘の上で眺めを楽しんでいると、近くの洞穴の中から妙な声が聞こえてきた。不審に思った王は家来に調べてくるように命じた。洞穴の中には厨子甕が置かれてあり、「開けてはいけない」と書いてあったが、王は「自分の領地のことではないか、開けてまいれ」と家来に命じた。家来が甕を開けると、中から白い煙が立ち上り、一人の男が現れた。男は王に向かって「家来にしてください」と頼んだ。王が「お前には優れた力があるか」と問うと、男は頷いて家来たちを一人残らず山羊に変えてしまった。驚いた王は家来たちを元の人間に戻してくれるように頼み、男を家来に加えることを約束した。男が家来になってから、ある時、領地内に化け物が出るようになった。誰も退治できないで困っていると、その男が術を使って獅子を作り、これに命じて化け物を退治した。王は男を信用し、王女の婿にと考えるようになった。しかし、王の娘は男がハブの化身であることを見抜いてしまい、ヌブシの玉を持って城から逃げだしてしまう。正体を見破られた男はハブに姿を変えて娘を追うが、娘の持つヌブシの玉のため人間に戻ることができず、遂にはまた洞穴に姿を隠してしまう。それからあと、沖縄では魔除けのため屋根に獅子を置くようになった"（沖縄諸島）

《解説》

厨子甕とは、骨壺の一種であるが、ヌブシ玉の正体は不明である。また、沖縄における獅子（シーサー）の発祥と由来には諸説ある。

20. "昔、龍郷に有名な図案師が住んでいた。ある日、図案師は薩摩藩から「一番良く奄美大島を表現した大島紬を献上せよ」という命が下った。しかし、良い案が思い浮かばない。困りはてた図案師は、家の縁側で月をぼんやり眺めていた。その時、ソテツの葉の上でキンハブが休んでいるのが見えた。ハブの模様は月に照らされ、美しく輝いていた。有名な"龍郷柄"

はハブの模様とソテツの葉の形から出来上がった"（奄美群島）

21. "ハブのいない島に住む人々は勇ましく、ハブのいる島に住む人は温厚で
　　引っ込み思案"（沖縄諸島）

《解説》

　琉球列島の島人の気質をハブのいるいないにかけて説明したもの。はっき
りと区別ができるものではないが、毒蛇の有無は風土に何らかの影響を及ぼ
す可能性はある。

22. "昔、奄美に腕のいいハブ捕り名人がいた。名人はハブを一晩に何匹も捕
　　まえるので、島の人はこの名人をうらやましく思い、島の人は名人にハブ
　　の捕り方を教えて欲しいと頼んだが、なかなか教えてくれない。ある晩、
　　島の若者が名人の後をこっそりつけた。それに気付いた名人は素早く上着
　　を木の枝にぶら下げ「幽霊がでたぞ」と叫んだ。若者はびっくりして腰を
　　抜かし、ほうほうの体で部落に這い戻った。その後、島の人は名人に二度
　　とハブの話をしなくなり、幽霊の出た場所にも近づかなかった。その後も
　　名人はハブを捕り続けたが、死ぬ間際に部落の人を呼び「幽霊の話は嘘で、
　　ハブの居場所を教えたくなかった」と言い残して死んだ"（奄美大島）

第Ⅴ章
国外のハブ属

　第Ⅴ章では現在記載されている国外のハブ属10種を簡単に説明したい。国外のハブ属もハブ同様、非常に興味深いが、いまだ研究が進んでおらず、近年になって新種として記載された種や、別属からハブ属に移動された種も多く、研究者によっては意見が異なる場合もある。また、アジア各地にてハブ属の新種と思われる個体の発見も相次いでいる。今後もハブ属は種数の増減が行われるだろう。

◆ツノハブ *Protobothrops cornutus*

英名：Fi-Si-Pan horned pit viper、Phy-Si-Pan horned pit viper、Horned pit viper、
　　　Asian horned viperなど
全長：約70cm
分布：ベトナム、中国南東部
　種小名の "*cornutus*" とは "角のある" を示し、英名には本種の発見地であるファンシーパン山（Mt.Fansipan：ベトナム北部のラオカイ省とライチチャウ省の境にある山で、同国最高峰）が用いられる場合もある。かつては標本の２個体のみが知られていたが、2010年に中国南部の広東省にて新たに標本が採集され、その後はベトナム中部にあるクアンビン省やニンビン省でも分布が確認された。現在、亜種は確認されていない。
　全体的に細身で、大きな頭部が目立ち、眼上および吻端に一対の角上突起を持つ。これらの突起は擬態の一種であろうと考えられている。鱗にはキールがあるが、さほど強くはない。白灰色〜灰褐色の地色に暗色の帯状模様を背面に持つが、多くの場合、それは側面まで到達しない。また、個体によっては背面の模様が鎖状につながっているものや、側面や腹部が黄色〜橙色を

呈するものもいる。

　発見例が少なく、詳しい生態などは不明な部分が多いが、主に低地の森林に生息する。夜行性で、地上でも樹上でも活動することがあり、岩場の隙間などに潜んでいることも多い。カエル、トカゲ、小型哺乳類などを捕食していると考えられる。

　一部研究機関や動物園、愛好家による飼育・繁殖例があり、飼育下では小型爬虫類やハツカネズミに餌付くことが分かっている。

　IUCNのレッドリストにおいて、分布域の狭さや生息地の劣化などからNTに指定されている。

◆ダイベツハブ *Protobothrops dabieshanensis*

英名：Dabie mountains pit viper など
分布：中国東部
全長：約90cm

　2012年に記載された種で、種小名、英名ともに発見場所である中国東北部、安徽省の大別山脈（Mt. Dabie）に由来する。現在、亜種は確認されていない。

　比較的細身だが、バランスの取れた体形をしている。鱗には目立ったキールを持つ。茶褐色の地色に赤褐色の細い菱形模様が背面に並び、個体によっては模様が崩れて鎖状に見えるものもある。側面には模様は持たず、眼の後ろに赤褐色の細いアイライン状の模様が入る。

　発見されてから日が浅く、また観察例も少ないため、詳しい生態などは不明な部分が多い。比較的標高の高い森林に生息する。夜行性で、地上でも樹上でも活動するが、地上での発見例が多い。カエル、トカゲ、小型哺乳類などを捕食していると考えられる。

◆ナノハナハブ *Protobothrops jerdonii*

英名：Jerdon's pit viper、Oriental pit viper、Yellow-speckled pit viper など
分布：バングラデシュ、ミャンマー、チベット、ベトナム、中国南部
全長：約90cm

　種小名の "*jerdonii*" は英国の動物類学者 Thomas C. Jerdon へ捧名されたも

のである。現在、以下の3亜種が確認されているが、研究者によって意見が異なる場合がある。

◇ナノハナハブ *Protobothrops jerdonii jerdonii*

英名：Jerdon's pit viper など

分布：中国南西部、インド北東部、バングラデシュ、ビルマ、ネパール北西部

◇ベトナムナノハナハブ *Protobothrops jerdonii bourret*i

英名：Bourre'ts pit viper など

分布：ベトナム北西部（中国南西部にも分布している可能性がある）

◇アカモンナノハナハブ *Protobothrops jerdonii xanthomelas*

英名：Red spotted pit viper など

分布：中国南部、インド北東部

やや細身で、樹上生活に適した体型を持つ。鱗にはキールがある。色彩には個体差があるが、幼蛇は鮮やかな黄色〜緑色の地色に黒褐色の斑紋が並び、アカモンナノハナハブでは赤褐色の斑紋が並ぶが、成長に伴い暗褐色へと変化することが多い（稀に模様が判別できないほど黒化した個体も見られる）。

比較的標高の高い場所（1000m〜3000m）で発見されることが多く、気温の低い時期は岩場の隙間や倒木の下で休眠する。夜行性で、夜間に樹上で発見されることが多い。カエルやトカゲ、小型哺乳類などを捕食している。

美しい体色を持つナノハナハブは愛好家の間で人気が高く、ハブ属の中では飼育・繁殖例が最も多い。飼育下では高温に注意し（低温には強く、10℃前後でも活動する）、餌にはハツカネズミ、ヤモリなどを与える。

IUCNのレッドリストにおいて、LC（Least concern：低危険種）に指定されている。

◆ヒマラヤハブ *Protobothrops himalayanus*

英名：Himalayan mountain pit viper、Himalayan lance head pit viperなど

分布：チベット、ネパール、ブータン、インド北東部（シッキム州）

全長：約140cm

　以前はナノハナハブと同種であると考えられていたが、2013年に新種記載された。種小名、英名ともに発見地がヒマラヤ山脈周辺であったことに由来する。現在、亜種は確認されていない。

　体型はナノハナハブに似る。おそらく本種も樹上で多くの時間を過ごすのだろう。鱗にはキールがあるが、強くはない。若草色の地色に、黒色に縁取られた赤褐色の斑紋が細い帯状に並ぶ。この模様はつながることはなく、両側面、背面の3カ所で途切れるのが普通である。頭部はやや朱色がかっており、眼の後ろにアイライン状の模様も入る。

　発見されてから日が浅く、また観察例も少ないため、詳しい生態などは不明な部分が多い。標高2500m以上の森林地帯で発見されることが多い。夜行性で、地上でも樹上でも活動する。カエルやトカゲ、小型哺乳類などを捕食していると考えられる。

◆カールバックハブ *Protobothrops kaulbacki*

英名：Kaulback's lance-headed pit viper、Burmese pit viperなど

分布：ビルマ北部、中国南西部、インド北東部

全長：約140cm

　種小名の "*kaulbacki*" は英国の探検家・植物学者であったRonald J. Kaulbakに捧名されたものである。現在、亜種は確認されていない。長らく基準産地であるビルマ北部からしか知られていなかったが、近年になり中国やインドでも発見された。現在、亜種は確認されていない。

　頸部は細いが大きな頭部を持ち、ハブに似た体形を持つ。鱗にはキールがあるが、強くない。緑黄色～若草色の地色に、黒褐色の斑紋が帯状に並んでいる。眼の後ろに黒色の太いアイライン状の模様が入る。

　詳しい生態は不明な部分が多い。夜行性で、地上でも樹上でも活動する。哺乳類や鳥類を捕食していると考えられる。通常の動きは比較的緩慢だが、

気性は荒いとされる。

◆マンシャンハブ *Protobothrops mangshanensis*

英名：Mangshan pit viper、Mt.Mang pit viper、Mang Mountain pit viper など

分布：中国中南部

全長：約200cm

　種小名、英名はともに基準産地である中国中南部、湖南省の莽山（Mt. Mangshang）に由来する。現在、亜種は確認されていない。

　本種は1989年に発見され、1990年に *Trimeresurus mangshanensis* として記載されたが、後の1993年には独立種として新属が与えられ *Ermia mangshanensis* となったが、*Ermia* という名称がすでに別の動物（バッタ科 Acrididae のソマリアバッタ *Ermia somalica* Popu, 1957）で使用されていたため、2004年に新たに設けられた *Zhaoermia* 属に分類され、さらに2007年に現在のハブ属へと分類された、という複雑な背景がある。現地の自然史博物館(Mangshan Museum of Natural History）には発見者の銅像も立てられている。

　ハブ属中最重量種（2 kg〜5 kg。15kgという報告もあるが、詳細は不明)。鱗にはキールがある。若草色の地色に茶褐色の斑紋が散らばる。

　標高700m〜1000m付近の森林に生息する。夜行性で、樹上でも活動するが、地上で発見されることが多い。小型哺乳類、主にネズミを捕食している。性質は比較的穏やかであるが、危険を感じると口を開けて威嚇することがある。繁殖期には雄同士がコンバットダンスを行うことが知られている。

　本種は愛好家垂涎の種類であり、欧米などでも飼育・繁殖が試みられている。飼育下では高温に注意し、ハツカネズミやドブネズミを与える。

　IUCNのレッドリストにおいて、分布域の狭さや生息地の劣化などからEN（Endangered：絶滅危惧種）に指定されている。愛玩目的のため採集され、個体数（特に大型個体）が減少しているという。2013年にはワシントン条約Ⅱ類に掲載され、国際的な商業取引は規制されることとなった。

◆マオランハブ *Protobothrops maolanensis*

英名：Mao-Lan pit viper など

分布：中国西南部

全長：約70cm

　種小名、英名はともに基準産地である中国西南部、貴州省の茂欄（Maolan）に由来する。現在、亜種は確認されていない。本種は2011年に発見され、最大でも70cm程度にしかならない "世界最小のハブ" として世界的に広く報道された。

　多くの個体は全長60cm前後であり、おそらくハブ属中最小種と思われる。鱗にはキールがある。灰褐色〜茶褐色の地色に黒い斑紋が帯状、もしくは鎖状に並ぶ。

　詳しい生態などは不明な部分が多い。標高500m付近の森林で発見されており、夜行性で、樹上や岩場での発見例が多い。カエルやトカゲ、小型哺乳類などを捕食していると考えられる。毒性についても不明な部分が多いが、現地で暮らすミャオ族（苗族。もしくはモン族）内では本種の咬傷による死亡例があるといわれ、恐れられている。

◆ミツヅノハブ *Protobothrops sieversorum*

英名：Three horned-scaled pit viper など

分布：ベトナム中部

全長：約120cm

　種小名は自然保護と野生動物の研究に尽力されたSievers一家（Dr. J. H. Sievers、Julian Sievers、Moritz Sievers）へ捧名されたものである。現在、亜種は確認されていない。

　眼上に3対の角状突起があり、英名の由来になっているが、前述のツノハブほどは目立たない。灰褐色〜黄褐色の地色に暗色の斑紋が鎖状に並ぶ。

　詳しい生態などは不明な部分が多い。標高100m〜600m付近の森林で発見されている。夜行性で、主に地上性と考えられているが、樹上や岩場で発見されることもある。トカゲや小型哺乳類を捕食していると考えられる。

　一部研究機関や動物園、愛好家による飼育・繁殖例があり、飼育下ではヤモリやハツカネズミに餌付くことが分かっている。

　IUCNのレッドリストにおいて、分布域の狭さや生息地の劣化などからEN

に指定されている。

◆カオバンハブ *Protobothrops trungkhanhensis*

英名：Trungkhanh pit viperなど

分布：ベトナム北東部、中国南西部

全長：約80cm

　種小名、英名ともに基準産地であるベトナム北東部、カオバン省のチュンハイン県（Trùng Khánh）に由来する。現在、亜種は確認されていない。

　灰色〜灰褐色の地色に、暗褐色の斑紋が背面に並ぶ。鱗にはキールがあるが、さほど強くはない。

　詳しい生態などは不明な部分が多い。標高500m〜700mほどの森林で多く見られる。夜行性で、樹上でも活動するが、地上での発見例が多い。カエルやトカゲ、小型哺乳類を捕食していると考えられる。

　IUCNのレッドリストにおいて、分布域の狭さや生息地の劣化などからENに指定されている。

◆シセンハブ *Protobothrops xiangchengensis*

英名：Szechwan pit viper、Kham plateau pit viper、Xiangcheng pit viper、
　　　Xiangcheng iron-head snake、Xiangcheng lance-headed pit viperなど

分布：中国西南部

全長：約90cm

　種小名は基準産地である中国西南部、四川省の郷城県（Xiāngchéng）に由来している。英名では他にチベット東部地方を示すカム（Kham）が用いられる場合もある（本種の生息地である四川省、雲南省ともにチベット族自治州が存在する）。現在、亜種は確認されていない。

　青灰色〜灰褐色の地色に暗褐色の斑紋が並ぶが、個体によっては鎖状につながるものもいる。鱗にはキールがある。

　詳しい生態などは不明な部分が多い。高地の森林に生息しているらしく、標高3000m付近でも発見されている。夜行性で、樹上でも活動するが、地上での発見例が多い。トカゲや小型哺乳類を捕食していると考えられる。

IUCNのレッドリストにおいて、LCに指定されている。

終章
生態系の一員としてのハブ

　ハブは日本で最も大きなヘビであり、最も大きな毒蛇であり、世界中で奄美群島・沖縄諸島にのみ生息する日本固有種であり、世界で最も危険な毒蛇の一つであり、そして大変に美しいヘビではないかと私は思う。世界的に見ても、これだけの条件を備える毒蛇はほとんどいない。それは同時に、ハブが学術的に極めて貴重な存在でることを物語っている。しかしながら、ハブの個体数は1990年以降、減少の一途を辿っている。ハブを有害動物として捉えるならば喜ばしいことであるが、ハブを生態系の一部として捉えるならば、全く別の結論となる。

　奄美群島・沖縄諸島は独自の進化を遂げた生物が多く存在する稀有な地域であり、その生態系における最終捕食者はハブである。ハブは何百万年もの間、人間を含め他の動物が森林へ侵入するのを防いできた。ハブが存在したことにより、他の地域では見られない固有種が数多く生まれたのであろう。アメリカ合衆国には保安官という制度が存在するが、まさにハブは奄美群島・沖縄諸島の生態系における保安官的存在であるといえる。

　しかしながら、ハブには長い防除の歴史があり、その結果が近年顕著となってきた。ハブの咬傷件数は全盛期の1/6にまで減少し、大型個体はほとんど見られなくなった。これを喜ばしいと最も感じるのは人間と外来生物であろうが、生態系の要であるハブが減少したことにより、奄美群島・沖縄諸島の環境は今後、大きく変化することになるだろう。今は小さな変化かもしれないが、それは水面下で拡大し、目に見える頃にはすでに手遅れである場合が多い。人間が自然を管理することなど不可能なのだ。

　かつて日本にはオオカミ *Canis lupus hodophilax* が本州、四国、九州に存在していた。私はオオカミとハブはよく似ていると思う（オオカミはハブのよ

163

うに人間を攻撃することはないが)。オオカミはハブ同様、生態系の頂点であり、古くは神として信仰されていたが、狂犬病などの家畜伝染病や人為的な駆除によって明治時代末に絶滅してしまった。その結果、天敵がいなくなったことによりイノシシやニホンジカ *Cervus nippon*、ニホンザル *Macaca fuscata* などが増加し、農作物にとどまらず生態系にも大きな被害を与えている。同じことがハブとネズミの間で起こらないとはいえない。なお、オオカミは現存するハイイロオオカミと亜種関係にあり、再導入も可能かもしれないが(アメリカ合衆国のアイダホ州などでは再導入されており、生物多様性が増したと報告されている)、ハブは日本固有種であり代替は利かない。

　自然というものは必ずしも美しいだけではない。時として危険であり、恐ろしい一面があることをハブは私たちに教えてくれている。しかしながら、それでも自然や生命に触れるということは大きな喜びである。そして、それは万人に与えられるべきものであり、人が健全に生きていく上で必要不可欠なものである。もしも、私たちが自然界の保全に関して慎重さを欠き、破壊してしまえば、未来の世代はそれを許してはくれないだろう。人間が引き起こす"6度目の大絶滅"が叫ばれる今こそ、奄美群島・沖縄諸島の美しい生態系をいかにして未来へとつなげるか、真剣に考えるべき時期に差し掛かっているのではないだろうか。

あとがき

　私は幼少の頃より動物、特にヘビが好きでした。"三つ子の魂百まで"ということわざがありますが、まさにそれを体現してしまったような人間です。「なぜヘビが好きなのか？」とよく聞かれますが……それは波長が合うから、としか答えようがありません。

　私が初めてハブを見たのは中学生の時で、場所は徳之島の井之川岳付近だったと思います。ある晩、一人で山中を散策していたら、岩棚の上で休む大きなハブに出会いました。そのハブの姿は月明かりに照らされて金色に煌き、眼は紅玉のように爛々と輝いて見えました。初めて見た野生のハブはあまりにも美しく、神々しく、私はその場で過呼吸を起こしたのを覚えています。そして、こっそり赤ちゃんハブを採集して持ちかえり、7年ほど飼育していました（違法ですが、時効なので許して下さい。もうしません）。獰猛と名高いハブですが、何年も飼育しているとおとなしくなり、世界初（？）の手乗りハブで周りの人を驚かせたこともありました。

　ハブに咬まれたことも何回かあります。一番記憶に残っているのは、高校生の頃に飼育していた徳之島産のアカハブです。2カ月間も餌を食べず、このままでは危険と思い強制給餌に踏み切りました。その時、右手の親指をガブリと咬まれてしまったのです。強制給餌自体は成功したものの、実に面倒なことになったと思いました。無許可で飼育しているので病院に行くこともできず、歯を食いしばって我慢していましたが、しばらくすると指先が真っ黒になり、遂には第一関節から上がポロリと落ちてしまいました。私は、このまま親指は壊死してなくなっていくものと思いましたが、しばらくすると少しずつ肉が盛り上がってきて、半年後には爪も、指紋までもが再生しました。若さというのもあったでしょうが、人間の生命力に感動したものです。

　その後も世界各地で様々な毒蛇を観察し、時には飼育し、時には咬まれたものですが、やはり心に一番残っているのはハブでした。何年も飼っていたハブが死んでしまった時は、あまりのショックと悲しさに、生きがいであっ

た爬虫類という趣味さえもやめてしまおうと思ったほどでした。私に自然の優しさ、美しさ、恐ろしさ、奥深さを教えてくれたのは、ハブだったかもしれません。

　今でも目を閉じれば、はじめて出会ったハブの勇姿が脳裏に浮かんできます。私はハブを含む全ての毒蛇たちが、人間と共存し、未来永劫繁栄していけることを、心から願ってやみません。

謝辞

　日常の議論を通じて多くの知識や示唆を頂いた杉本雅志様、南西諸島の文化について貴重な資料を頂きました盛口満様、世界各地のフィールドワークに同行してくださったS. Flightman氏、一般には理解し難い私の趣味を終始温かく見守ってくれた愛猫たち。そして世界中の毒蛇たちに、心より御礼申し上げます。

参考文献（順不同）

中村健児、上野俊一『原色日本両生爬虫類図鑑』保育社

林壽朗『標準原色図鑑全集19　動物Ⅰ』保育社

『世界文化生物大図鑑6　動物』世界文化社

『朝日百科　動物たちの地球5』朝日新聞社

『動物大百科12』平凡社

白井祥平『沖縄有害生物大辞典　動物編』新星図書出版

岸本高男、比嘉ヨシ子『沖縄の衛生害虫』新星図書出版

荒俣宏『世界大博物図鑑3　両生・爬虫類』平凡社

海老沼剛『爬虫類・両生類ビジュアル大図鑑』誠文堂新光社

疋田努『爬虫類の進化』東京大学出版会

マーク・オシー、ティム・ハリデイ『完璧版　爬虫類と両生類の写真図鑑』日本
　　ヴォーグ社

高良鉄夫『ハブ』新光社

西野嘉憲『ハブの棲む島』ポプラ社

関慎太郎『魅せる日本の両生類・爬虫類』緑書房

谷川健一『蛇　不死と再生の民俗』冨山房インターナショナル

谷川健一責任編集『蛇（ハブ）の民俗』三一書房

吉田朝啓『ハブと人間』琉球新報社

吉田朝啓『琉球衛研物語』新星出版

沢井芳男『免疫と血清』NHKブックス

外間善次『ハブに関する研究』OHS研究所

小玉正任『毒蛇ハブ』日本広報センター

千石正一『原色　両生・爬虫類』光の家協会

千石正一『爬虫両生類飼育図鑑』マリン企画

五箇公一『終わりなき侵略者との闘い―増え続ける外来生物―』小学館クリエイ
　　ティブ

冨水明『爬虫両生類の上手な飼い方』エムピージェー

中西悟堂『爬虫類の怪奇な生態』ポプラ社

大島正満『大東亜共栄圏毒蛇解説』北隆館

牧茂市朗『日本蛇類圖説』第一書房

新里幸徳『沖縄とハブと戦争』新里眼科医院

今泉忠明『猛毒生物の百科』データハウス

吉野裕子『蛇　日本の蛇信仰』法政大学出版局

盛口満『生き物屋図鑑』木魂社

盛口満『西表島の巨大なマメと不思議な歌』どうぶつ社

盛口満『ゲッチョ先生の卵探検記』山と渓谷社

杜祖健『毒蛇の博物誌』講談社

二改俊章、小森由美子、Anthony T. Tu『毒ヘビのやさしいサイエンス』化学同人

クリスティー・ウィルコックス著、垂水雄二訳『毒々生物の奇妙な進化』文藝春秋

内山りゅう、沼田研児、前田憲男、関慎太郎『決定版　日本の両生爬虫類』平凡社

日本動物研究学会編『新集　全動物図鑑』（泰明堂）

クリス・マティソン著、千石正一監訳『ヘビ大図鑑―驚くべきヘビの世界』緑書房

フレッド・ピアス著、藤井留美訳『外来種は本当に悪者か？―新しい野生 THE NEW WILD』草思社

中村一恵『スズメもモンシロチョウも外国からやってきた』PHP研究所

レイチェル・カーソン『沈黙の春』新潮社

松山亮蔵『生物界之智嚢　動物編』中興館書店

篠永哲監修『アウトドア危険・有毒生物安全マニュアル』学習研究社

川村智治郎、倉本満、松井孝爾、原幸治『学研の図鑑　爬虫・両生類』学習研究社

エリザベス・A・ダウンシー、ソニー・ラーション著、船山信次監修、柴田譲治翻訳『世界毒草百科図鑑』原書房

『小学館の学習百科図鑑36　両生・はちゅう類』小学館

『Life Nature Library Reptiles』タイムライフブックス

川添宣広著、大谷勉監修『フィールドガイド　日本の爬虫類・両生類観察図鑑』誠文堂新光社

川添宣広『日本の爬虫類・両生類生態図鑑』誠文堂新光社

松園純『爬虫類・両生類の飼育環境のつくり方』誠文堂新光社

高田栄一『これはビックリ　ヘビトカゲ爬虫類図鑑』朝日ソノラマ

大野正男監修『有毒動物のひみつ』学習研究社

疋田努『毒蛇のなかま』朝倉書店

石川千代松『日本児童文庫43　動物園』アルス

小林照幸『毒蛇』文春文庫

R.＆D.モリス著、藤野邦夫訳、小原秀雄監修『人間とヘビ―かくも深き不思議な

　　関係』平凡社

文英吉『奄美大島物語　増補版』南方新社

「奄美学」刊行委員会編『奄美学』南方新社

中村喬次『琉球弧あまくま語り』南方新社

新城静治『ハブ捕り先生のひとり言』沖縄時事出版

三輪大輔、盛口満『木にならう　種子・屋久・奄美のくらし』ボーダーインク

安里進、土肥直美『沖縄人はどこから来たか――琉球＝沖縄人の起源と成立』ボー
　　ダーインク

鹿子狂之介編『南へ。沖縄・奄美にいってみる』南方新社

真栄平房敬『首里城物語』おきなわ文庫

浜松昭『沖縄戦こぼれ話』月刊沖縄社

斐太猪之介『山がたり』文藝春秋

山本素石『逃げろツチノコ』二見書房

新里堅進『ハブ捕り』新潮社

『BIBLE　Ⅰ～Ⅲ』フェア・ウインド

『National Geographic』National Geographic Partners

『ビバリウムガイド』エムピージェー

『クリーパー』クリーパー社

『レプタイルズファン』コスミック出版

『ハ・ペト・ロジー――HER・PET・OLOGY』誠文堂新光社

『スケイル』アートヴィレッジ

『ユニークアニマル』東海メディア

『バンビ・ブック　海と山　なんでも号』朝日新聞社

『週刊世界動物百科』朝日新聞社

『中国蛇类　赵尔宓』安徽科学技术出版社

李鵬翔『台湾両棲爬行類図鑑向高世』猫頭鷹

Gernot Vogel『Terralog14　Venomus Snakes of Asia』Edition Chimaira

John C. Murphy『Amphibians and Reptiles of Trinidad and Tobago』KREIGER

John F. Breen『Encyclopedia of Reptiles and Amphibians』t.f.h

John Coborn『ATRAS OF SNAKES OF THE WORLD』t.f.h

Roger Conant・Joseph T. Collins『A Field Guide to Reptiles and Amphibian』
　　Peterson Filed Guide

Stephen P. Mackessy『Venoms and Toxins of Reptiles』CRC Press Book

Ludwig Trutnau『Venomous snakes』AbeBooks

『Reptile Hobbyst』t.f.h

在那覇奥郷友会『創立60周年記念誌　郷愁』

盛口満、当山昌直『琉球列島の自然伝統知―沖縄県国頭村奥―』沖縄大学地域研究所

境邦夫「琉球＝沖縄人の起源と成立」『広島文教人間文化　6』

石橋治、小倉剛「日本における特定外来生物マングースの現状とレプトスピラ感染の実態」『地球環境 17』

木場一夫「ハブの生物誌」『The SNAKE Vol.3』日本蛇族研究会

川上新「沖縄県におけるマングースの移入と現状について」『しまたてい 11』

環境省那覇自然環境事務所『沖縄諸島の外来種』

沖縄県『ハブに注意！』

沖縄県『外来の有害ヘビ』

鳥羽通久、太田英利「アジアのマムシ亜科の分類：特に邦産種の学名の変更を中心に」『爬虫両棲類学会報 2006(2)』

吉田朝啓、勝連盛輝、大浜なおみ「ハブの防除に関する研究」『沖縄県公害衛生研究所報 10』

城間勇、香村昂男「ハブの生態学的研究飼育実験について」『沖縄県衛生環境研究所報　5』

阿部康男、田中寛、三島章義、小野継男「ハブならびにハブ咬症に関する研究―特に照度との関係について―」『衛生動物 16(3)』

三島章義「ハブに関する研究Ｉ，Ⅲ」『衛生動物 17(1)，18(1)』

三島章義「ハブに関する研究Ⅱ」『熱帯医学会報　7 (2)

高良鉄夫「琉球列島における陸棲蛇類の研究」『琉球大学農家政工学部学術報告　9』

水上惟文「奄美諸島におけるハブ属の生理・生態」『爬虫両棲類学会報2004(1)』

水上惟文、小野継男「奄美大島におけるハブの体長組成」『爬虫両棲類学雑誌　6(3)』

水上惟文、小野継男、中本英一「奄美大島におけるハブ捕獲数の周期的変動」『爬虫両棲類学雑誌　7 (4)』

佐々学「奄美大島におけるハブの生態に関する研究」『熱帯　7 (2)』

西村昌彦「沖縄諸島における第2次大戦後のハブ咬症に関連する文献と1964年－1996年の間の推定咬症数」『沖縄県衛生環境研究所報 32』

西村昌彦「沖縄諸島産ハブの齢推定と成長」『日本生態学会誌43(2)』

小此木丘「ハブ咬傷の病理とその対策について」『北関東医学15(4)』

服部正策「ハブ―その現状と課題―」『南太平洋海域調査研究報告36』

上田直子、千々岩崇仁、大野素徳「ハブ毒を科学する―多様な生理機能と加速進

化―」『化学と生物 42(10)』

宮崎正之助「ハブ毒の生体に及ぼす影響並びに抗血清の効果について」『爬虫両棲類学雑誌 1(1)』

中島欽一、小川智久、大野素徳「ヘビ毒腺アイソザイムは加速進化により新しい機能を獲得している」『化学と生物 32(11)』

柴田弘紀他「The habu genome reveals accelerated evolution of venom protein genes」『Scientific Reports』

鎮西弘「蛇毒とその周辺」『化学と生物 25(2)』

堀田和弘「爬虫類・有鱗目・ヘビ亜目の分類基準における問題点」『千葉敬愛短期大学紀要 7』

三島章義「奄美群島産ヒメハブの食性に関する研究」『爬蟲兩棲類學雑誌 1(4)』

皆藤琢磨、戸田守「琉球弧におけるヒバァ属ヘビ類の歴史生物地理（和訳タイトル）」『Biological Journal of the Linnean Society 118(2)』

大塚裕之「琉球列島の陸棲脊椎動物相の起源―古生物学の視点から―」『哺乳類科学 42(1)』

本川雅治「琉球列島の哺乳類相とその起源」『哺乳類科学 42(1)』

太田英利「琉球列島の爬虫・両生類の起源と古地理」『哺乳類科学 42(1)』

沖縄県衛生環境研究所「過去のガラスヒバァ咬症について」

OIST、沖縄県衛生環境研究所「クサリヘビ科個体群のゲノム解析が明かすヘビ毒の化学の基礎となる小進化の力」

森哲「ウミヘビ学入門―海に生きるヘビ達」『みどりいし 5』

堺淳、森口一、鳥羽通久「フィールドワーカーのための毒蛇咬症ガイド」『爬虫両棲類学会報 2002(2)』

佐藤良彦「ニホンマムシ（Gloydius blomhoffii）の咬症と診断した猫の2症例」『獣医臨床皮膚科 20(2)』

佐藤良彦「ニホンマムシ（Gloydius blomhoffii）の咬症と診断した犬の4症例」『獣医臨床皮膚科 19(4)』

森哲「ヘビ類におけるマーキング法」『爬虫両棲類学会報 2008(2)』

中本英一、鳥羽通久「ハブの産卵数の最大記録」『爬虫両棲類学会報 2008(1)』

香村昂男「ハブの採集・飼育・取り扱いの方法―ハブ研究室における40年間の経験から―」『沖縄県衛生環境研究所報 33』

三島章義「奄美群島産アカマタの食性に関する研究」『爬虫両棲類学雑誌 1(4)』

高田栄一「亀と蛇の飼育」『爬虫両棲類学雑誌 1(3)』

沖縄県衛生環境研究所「沖縄県における平成25年の毒蛇咬症」

池田忠広、大塚裕之、太田英利「更新世における琉球列島の陸生ヘビ類相―豊富

な椎骨化 石の同定結果とその意義」琉球大学21世紀COEプログラム「サンゴ礁島嶼系の生物多様性の総合解析」平成19年度成果発表会

鮫島正道、中村正二、中村麻理子「鹿児島の陸生ヘビ類の分布と生態」『Nature of Kagoshima 40』

西村昌彦、香村昂男「ハブの雄が排出する白いクリーム状の物質」『爬虫両棲類学雑誌 14(4)』

西村昌彦、大谷勉、中本英一「ハブの交尾と雄のコンバットダンス」『爬虫両棲類学雑誌 10(2)』

深田祝「マムシの遅延受精」『爬虫両棲類学雑誌 11(3)』

守屋明、東園末男「タイリクマムシ *Agkistrodon blomhoffii brevicaudus* の成長と捕食量」『爬虫両棲類学雑誌 14(1)』

勝連盛輝、西村昌彦、大浜勝「業者により大量に沖縄へ持ち込まれた生きたヘビの数」『沖縄県衛生環境研究所報 30』

高良鉄夫「琉球列島における陸棲蛇類の研究」『琉球大学農家政工学部学術報告 9』

高良鉄夫「琉球における数種のヘビ類の分布」『琉球大学農家政学部学術報告 2』

高良鉄夫「尖閣列島の動物相について」『琉球大学農学部学術報告 1』

田中幸治、森哲「日本産ヘビ類の捕食者に関する文献調査」『爬虫両棲類学会報 2000(2)』

仲宗根民男、徳村勝昌「Entamoeba invadens（ヘビアメーバ）の基礎実験」

沖縄県衛生環境研究所「沖縄特殊有害動物駆除対策基本調査報告書」

大城安弘「イワサキカレハ Dendrolimus iwasakii Nagano の生態に関する知見」『沖縄農業 11(1·2)』

沖縄県衛生環境研究所「ハブ抗毒素（血清）は外来種とハブとの雑種の毒を中和します」『衛環研ニュース 18』

吉田朝啓「ハブと人間の住み分けのための方法論」『琉球衛研物語』

当山昌直、小倉剛「マングース移入に関する沖縄の新聞記事」『沖縄県史研究紀要 4』

波照間永吉「琉球文学にみる沖縄人の心性―琉球文学の固有性をめぐって―」『沖縄県立芸術大学附属研究所紀要 22』

ハブ対策推進協議会「HABUDAS2016」

西村昌彦、香村昂男「沖縄島産ヒメハブにおける性比と相対成長」『沖縄県衛生環境研究所報 33』

「オオカミ導入はマングース導入と同じ？」一般社団法人日本オオカミ協会ＨＰ

戸田光彦「毒ヘビ類―マムシ・ハブなど―」『森林科学 49(0)』

長谷川英男「奄美大島産両生類・爬虫類の寄生蠕虫」『国立科学博物館専報 23』

岡崎幹人、中村麻理子、鮫島正道「徳之島におけるイボイモリ Tylototrion andersoni の生態とロード・キルの保全対策」『Nature of Kagoshima 36』

水上惟文「湿度変化とヒメハブの活動」『爬虫両棲類学雑誌 7 (1)』

当山昌直「渡名喜島の陸上脊椎動物」『沖縄県立博物館総合調査報告書Ⅱ　渡名喜島』

高須由美子「奄美諸島のノロ（女性祭司）関係文書—16世紀から19世紀において—」『史資料ハブ　地域文化研究 2』

宮城重二、平良一彦、照屋寛善、新城安哲「沖縄におけるハブ咬症の疫学的研究：北部、伊江村の場合」『琉球大学保健学医学雑誌 4(2)』

江平憲治「トカラ列島・宝島，11月の昆虫類」『鹿児島県立博物館研究報告 14』

「全国衛生研究所見聞記」『モダンメディア』

『広報なんせい』南西糖業株式会社

南海日日新聞

沖縄タイムス（株式会社沖縄タイムス社）

琉球新報（株式会社琉球新報社）

その他多数

※写真提供、及び撮影協力（敬称略）／川添宣広、大谷勉、大成典也、鷹野晶敏、S. Flightman

■著者プロフィール

中井穂瑞領（なかい・ほずれ）

中学生の時に南西諸島各地を回り、ハブとそれを取り巻く自然の美しさに魅せられる。その後、世界各地にフィールドワークへ赴き、ミミナシオオトカゲやヒカリトカゲ、オビゾノザウルスなど希少種の発見に成功している。爬虫両生類の専門誌へ寄稿・連載も多数。
猫を愛しているが、一番好きな爬虫類はもちろんハブ、次いでマムシとヤマカガシ。神畑養魚株式会社勤務。

宮本雅彰（みやもと・まさあき）

幼少より魚好きで、未知の魚を求めて世界各地のフィールドに赴く。中井氏とともに南西諸島やカリブ諸島など各地を訪問、爬虫両生類探索を行い、希少種の発見に成功している。
最近はキノコや冬虫夏草、化石に興味あり。本書では全体の構成を担当し、現地調査に同行した。株式会社キョーリン勤務。

毒蛇ハブ
―生態から対策史・文化まで、ハブの全てを詳説―

2020年8月10日　第1刷発行

著　者　　中井穂瑞領

発行者　　向原祥隆

発行所　　株式会社南方新社

　　　　　〒892-0873 鹿児島市下田町292-1
　　　　　電話　099-248-5455
　　　　　振替口座　02070-3-27929
　　　　　URL　http://www.nanpou.com/
　　　　　e-mail　info@nanpou.com

印刷・製本　株式会社朝日印刷
定価はカバーに表示しています
乱丁・落丁はお取り替えします
ISBN978-4-86124-425-4 C0045
© Nakai Hozure 2020, Printed in Japan

写真でつづる
アマミノクロウサギの暮らしぶり
◎勝　廣光
定価（本体 1800 円＋税）

奥深い森に棲み、また夜行性のため謎に包まれていたアマミノクロウサギの生態。本書は、繁殖、乳ねだり、授乳、父ウサギの育児参加、放尿、マーキング、鳴き声発しなど、世界で初めて撮影に成功した写真の数々で構成する。

奄美の稀少生物ガイドⅠ
—植物、哺乳類、節足動物ほか—
◎勝　廣光
定価（本体 1800 円＋税）

奄美の深い森には絶滅危惧植物が人知れず花を咲かせ、アマミノクロウサギが棲んでいる。干潟には、亜熱帯のカニ達が生を謳歌する。本書は、奄美の希少生物全 79 種、特にクロウサギは四季の暮らしを紹介する。

奄美の稀少生物ガイドⅡ
—鳥類、爬虫類、両生類ほか—
◎勝　廣光
定価（本体 1800 円＋税）

深い森から特徴のある鳴き声を響かせるリュウキュウアカショウビン、地表を這う猛毒を持つハブ、渓流沿いに佇むイシカワガエル……。貴重な生態写真で、奄美の稀少生物全 74 種を紹介する。

奄美の絶滅危惧植物
◎山下　弘
定価（本体 1905 円＋税）

世界中で奄美の山中に数株しか発見されていないアマミアワゴケなど貴重で希少な植物たちが見せる、はかなくも可憐な姿。アマミエビネ、アマミスミレ、ヒメミヤマコナスビほか 150 種。幻の花々の全貌を紹介する。

奄美群島の水生生物
—山から海へ　生き物たちの繋がり—
◎鹿児島大学生物多様性研究会 編
定価（本体 2500 円＋税）

エビ・カニ、ウニ・ヒトデ・ナマコ、サンゴやゴカイの仲間、海草・海藻、そして魚たち。この宝石のような生き物たちは、どこから来て、どのように暮らしているのか。最新の研究成果を専門家たちが案内する。

奄美群島の野生植物と栽培植物
◎鹿児島大学生物多様性研究会 編
定価（本体 2800 円＋税）

世界自然遺産の評価を受ける奄美群島。その豊かな生態系の基礎を作るのが、多様な植物の存在である。 本書は、植物を「自然界に生きる植物」と「人に利用される植物」に分け、19 のトピックスを紹介する。

奄美群島の外来生物
—生態系・健康・農林水産業への脅威—
◎鹿児島大学生物多様性研究会 編
定価（本体 2800 円＋税）

奄美群島は熱帯・亜熱帯の外来生物の日本への侵入経路である。農業被害をもたらす昆虫や、在来種を駆逐する魚や爬虫類、大規模に展開されたマングース駆除や、ノネコ問題など、外来生物との闘いの最前線を報告する。

奄美群島の生物多様性
—研究最前線からの報告—
◎鹿児島大学生物多様性研究会 編
定価（本体 2800 円＋税）

奄美の生物多様性を、最前線に立つ鹿児島大学の研究者が成果をまとめる。森林生態、河川植物群落、アリ、陸産貝、干潟底生生物、貝類、陸水産エビとカニ、リュウキュウアユ、魚類、海藻……。 知られざる生物世界を探求する。

ご注文は、お近くの書店か直接南方新社まで（送料無料）
書店にご注文の際は「地方小出版流通センター扱い」とご指定下さい。

九州・野山の花

◎片野田逸朗

定価（本体 3900 円＋税）

葉による検索ガイド付き・花ハイキング携帯図鑑。落葉広葉樹林、常緑針葉樹林、草原、人里、海岸……。生育環境と葉の特徴で見分ける1295 種の植物。トレッキングやフィールド観察にも最適。

琉球弧・野山の花

◎片野田逸朗

定価（本体 2900 円＋税）

世界自然遺産候補の島、奄美・沖縄。亜熱帯気候の島々は、植物も本土とは大きく異なっている。植物愛好家にとっては宝物のようなカラー植物図鑑が誕生。555 種類の写真の一枚一枚が、琉球弧の自然へと誘う。

琉球弧・花めぐり

◎原 千代子

定価（本体 1800 円＋税）

みちくさ気分でちょっと寄り道、野山を巡り、花と向き合う時間が心を整理する──。可憐な草花とともに、懐かしい記憶、身の回りにある小さな幸せをつづる写真エッセー。琉球弧の草花 152 種を収録。

増補改訂版
校庭の雑草図鑑

◎上赤博文

定価（本体 2000 円＋税）

学校の先生、学ぶ子らに必須の一冊。人家周辺の空き地や校庭などで、誰もが目にする 300 余種を紹介。学校の総合学習はもちろん、自然観察や自由研究に。また、野山や海辺のハイキング、ちょっとした散策に。

貝の図鑑
採集と標本の作り方

◎行田義三

定価（本体 2600 円＋税）

本土から琉球弧に至る海、川、陸の貝、1049種を網羅。採集のしかた、標本の作り方のほか、よく似た貝の見分け方を丁寧に解説する。待望の「貝の図鑑決定版」。この一冊で水辺がもっと楽しくなる。

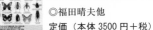

増補改訂版　昆虫の図鑑
採集と標本の作り方

◎福田晴夫他

定価（本体 3500 円＋税）

大人気の昆虫図鑑が大幅にボリュームアップ。九州・沖縄の身近な昆虫 2542 種。旧版より445 種増えた。注目種を全種掲載のほか採集と標本の作り方も丁寧に解説。昆虫少年から研究者まで一生使えると大評判の一冊！

南の海の生き物さがし

◎宇都宮英之

定価（本体 2600 円＋税）

亜熱帯の海の宝石たち、全 503 種。魚、貝、海草、ナマコ、ウミウシ、サンゴ、エビ、カニ……。浅瀬の磯遊びから、ちょっと深場のダイビングで見かける生き物たち。南の海の楽園を写真とエッセーで綴る。

大浦湾の生きものたち
―琉球弧・生物多様性の重要地点、沖縄島大浦湾―

◎ダイビングチームすなっくスナフキン編

定価（本体 2000 円＋税）

辺野古の海の生きもの655 種を、850 枚の写真で紹介する。米軍基地建設は、この生きものたちの楽園を壊滅させる。日本生態学会（会員4000人）他19学会が防衛大臣に提出した、基地建設の見直しを求める要望書も全文収録した。

ご注文は、お近くの書店か直接南方新社まで（送料無料）
書店にご注文の際は「地方小出版流通センター扱い」とご指定下さい。